日本料理切雕技法

海鮮、肉類、蔬菜的100種切法

島谷宗宏 著

安珀 譯

日本料理切雕技法

海鮮、肉類、蔬菜的100種切法

前言

日本人獨有的感性、注重風雅的精神性創造出一種風花雪月的世界。

而在八寸、生魚片、煮物等各式料理中，也反映出四季的景色和風花雪月，那正是日本料理的精髓。

在增添美麗的裝飾時，不可欠缺的是雕切技法。此外，像隱刀法這種在看不見的部分進行的切雕也很重要。本書將一般常認為「困難、費工」的切雕區分成前置作業和完成的工序等，以淺顯易懂的詳細解說，連同運用切雕技法製作的四季料理介紹給大家。

如果想要純熟地運用切雕技法，「連續切出相同的粗細度」、「連續把皮削成相同厚度」等基本動作很重要。即使是很困難的技法，在掌握訣竅、多練習幾次的過程中，身體應該也會記住「可以切出來」的感覺。這麼一來，在完成美麗的切雕時，將會格外感到喜悅。

當你把這本書拿在手上，就開啟了切雕世界的大門。請在重視傳統的同時，也拓展對創新料理的想像，創造出專屬於你、獨一無二的料理世界。

島谷宗宏

春季切雕技法

〈蔬菜〉獨活、蜂斗菜、春甘藍、蘆筍、竹筍、大葉
擬寶珠、油菜花、莢果蕨嫩芽、球芽甘藍、楤芽、
〈海鮮〉鰹魚、櫻鱒、目張魚、鯛魚、大瀧六線魚、
針魚、赤貝、蛤蜊等春季食材。

春季食材

春天是植物吐露新芽的季節，食材也充滿了生命力。
說到春季的蔬菜，就會想到山菜、獨活、竹筍等等。
山菜有著獨特的微苦滋味和香氣，獨活帶有清脆的口感，
竹筍也能藉由不同的切法呈現出多樣的風味。
至於春季的魚，非櫻鯛莫屬。
為了迎接產卵季而貯存了鮮味的魚身，藉由生魚片切法的變化，
不論是外觀或味道都令人想盡情地欣賞享用。

春季八寸

將竹筍、獨活、鯛魚、短爪章魚等時令海鮮蔬菜
比擬為春光爛漫的景色，漂亮地盛入盤中。

【春季景色拼盤】
竹筍鹿之子酒盜燒、蛋餡竹筍（附空心筒狀
的竹筍殼）、甘藍菜烘蛋、櫻花獨活甜醋
漬、花瓣獨活、大瀧六線魚山椒芽燒、蛤
蜊白酒燒、油菜花烤櫻鱒、豆渣拌鯛魚昆
布漬、黃味醋拌短爪章魚莢果蕨嫩芽

P18有詳盡的解說。

9

春季生魚片拼盤

將春季的海鮮加以切雕，口感也變得豐富多樣。
表現出活潑生動、閃閃發亮的春季之海。

【春季海邊】

鯛魚姿造生魚片、針魚姿造生魚片、赤貝貝
殼盤、平貝夾檸檬、櫻鱒油菜花卷、網狀蘿
蔔、浪花蘿蔔、鳴門小黃瓜、波紋小黃瓜、
海鷗蘿蔔

P20有詳盡的解說。

春季煮物

将山和海的大自然恩賜組合在一起，煮至充分入味，
製作出兩款鮮味豐富的醬油煮魚雜料理。

【醬油煮櫻鯛魚雜】
櫻鯛、球芽甘藍、菖蒲花獨活、蘆筍、打結的蜂斗菜、山椒芽

【醬油煮目張魚】
目張魚、竹筍、油菜花、花瓣胡蘿蔔

P22有詳盡的解說。

春季火鍋

蛤蜊、竹筍搭配海帶芽。
將契合度佳的素材組合在一起，煮成洋溢春天氣息的火鍋。

【蛤蜊火鍋】
蛤蜊、竹筍、海帶芽、細長條獨活、
蕨菜、油菜花、櫻花

P24有詳盡的解說。

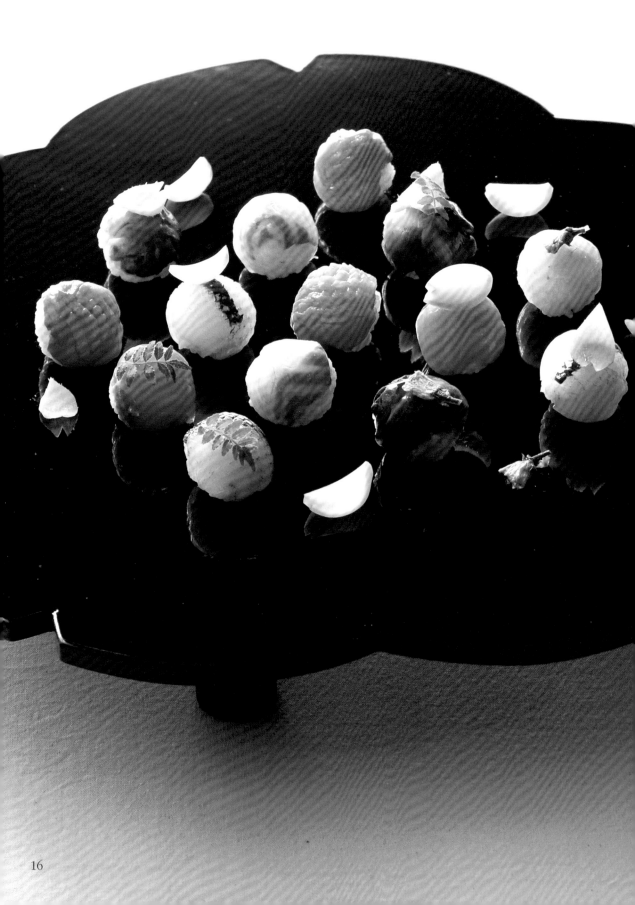

春季壽司

將美味緊緊包住的手鞠壽司，
把春臨的喜悅寄託在色彩鮮豔的外觀上。

【各式手鞠壽司】
鯛魚昆布漬、針魚鹿之子、赤貝鹿之子、日本鳥
尾蛤、櫻鱒、花瓣百合根、花瓣生薑、山椒芽
P25有詳盡的解說。

點綴春季的切雕技法〈八寸〉

這裡要介紹的是在P8的〈春季八寸〉中所使用的切雕技法。

八寸是將眾多當令素材盛裝在盤中、最容易展現出季節感,對廚師而言就像是重要舞台般的料理。請善用切雕技法,努力嘗試把各種春季的印象表現出來。

春季景色拼盤

❶ 豆渣拌鯛魚昆布漬

將鯛魚切開成均等的厚度，切成細條狀的生魚片之後以昆布醃漬，再以豆渣調拌。切成細條狀可以讓拌料更容易沾裹在鯛魚肉上，口感也會變好。➜P32

❷ 黃味醋拌短爪章魚 莢果蕨嫩芽

將莢果蕨嫩芽縱切成一半，以切面呈現出漂亮的螺旋模樣。短爪章魚經過預先處理之後，將塞滿卵粒的頭部充分炊煮，章魚腳則以霜降法處理、迅速加熱，就可以愉快地享受章魚和莢果蕨嫩芽的春季組合了。➜P36

❸ 蛋餡竹筍

將預先處理好的竹筍切成圓片，中心壓切成空心筒形，填入以蛋攪拌而成的蛋餡。剩下的竹筍殼不要丟棄、用來裝飾，展現春天的印象。
➜P28

❹ 大瀧六線魚山椒芽燒

將以骨切法處理過的大瀧六線魚抹上醬汁烤好，撒上切碎的山椒芽增添春天的香氣。大瀧六線魚用骨切法處理可使魚肉鬆軟，變得容易入口。➜P31

❺ 櫻花獨活甜醋漬

將削切成櫻花形狀的獨活以甜醋醃漬、稍微染色，表現出輕柔粉嫩的春色。

❻ 蛤蜊白酒燒

將蛤蜊用酒蒸軟之後，以打成泡沫的白酒覆蓋，稍微烘烤而成。重點在於蛤蜊肉和貝柱有堅硬的部分，所以要用隱刀法切入切痕。➜P37

❼ 竹筍鹿之子酒盜燒

將預先處理好的竹筍根部切成圓片，在切面上切入細細的鹿之子格紋，然後抹上酒盜醬烘烤而成。切入鹿之子格紋可以使竹筍變得容易入味，也能做出好看的外觀。

❽ 油菜花烤櫻鱒

將櫻鱒切成細長條形，在魚皮上以隱刀法切入細細的切痕後加以烘烤，然後放上混合了蛋白的油菜花碎末，再烤得香氣四溢。➜P37

點綴春季的切雕技法〈生魚片拼盤〉

這裡要介紹的是在P10的〈春季生魚片拼盤〉中所使用的切雕技法。
將鯛魚、針魚、赤貝等春季的海鮮加以切雕，口感會變好，同時也增
添了華麗感。此外，添加網狀蘿蔔和波紋小黃瓜等，一整年都買得到
的蔬菜所製作的多樣化切雕，讓生魚片不可缺少的這些配角也漂亮地
一起上桌。

春季海邊

❶ 鯛魚姿造生魚片・松皮生魚片・片切生魚片

迎接產卵季的櫻鯛，身上貯存了大量鮮味，以保留頭尾的姿態盛盤。魚身的部分盛裝將魚皮切入切痕再淋上熱水的松皮生魚片，以及模仿波浪形狀擺放的片切生魚片。→P32

❷ 網狀蘿蔔

把在蘿蔔上切入細細的切痕後再以桂剝法削成薄片的網狀蘿蔔加進來，代表春季的漁獲豐收。→P132

❸ 鳴門小黃瓜

用桂剝法削切成薄片的小黃瓜，表現出春天的海面上洶湧打轉的海浪漩渦。

❹ 波紋小黃瓜

將以桂剝法削出的小黃瓜薄片2條一組地往內捲起，表現出細微的波紋。→P62

❺ 針魚姿造生魚片

別名叫做春告魚、肉質纖細的針魚，以長方柱形、鳴門、長方形3種切雕技法製作成窩居鳥巢風格的姿造生魚片。→P38

❻ 赤貝貝殼盤

迎接盛產期的赤貝切入鹿之子格紋之後，與青紫蘇葉、紫蘇穗一起盛裝在貝殼中。將赤貝切入切痕，然後用力摔在砧板上，貝肉就會很有彈性地彎曲起來，口感會變得更好。→P34

❼ 櫻鱒油菜花卷

櫻鱒以片切法切片後，把油菜花捲起來，然後附上切成海鷗形狀的蘿蔔。→P37

❽ 浪花蘿蔔

將以桂剝法削成薄片的蘿蔔再度捲起來，將它切成一半的長度之後稍微錯開位置，仿造成浪花。

❾ 平貝夾檸檬

將平貝以平切法切片之後，切斷纖維使之容易入口，然後夾住檸檬增添清爽感。

點綴春季的切雕技法〈煮物〉

這裡要介紹的是在P12的〈春季煮物〉中所使用的切雕技法。

春季時會變得很美味的櫻鯛和目張魚肉質緊緻，以醬油燉煮就能享用非常可口的料理。尤其鯛魚，是從頭到尾每個部分都很好吃的魚，所以希望大家確實地學會剖梨法等前置作業，將時令的恩惠美味且毫不浪費地全部吃光。因為醬油煮料理的配色不漂亮，除了當令蔬菜之外，還要添加花瓣胡蘿蔔、菖蒲花獨活和打結的蜂斗菜等等，花點心思展現出春意盎然的鮮明色彩。

醬油煮目張魚

醬油煮櫻鯛魚雜

醬油煮櫻鯛魚雜

將鯛魚的魚雜以剖梨法處理之後，與當令的球芽甘藍一起製作成鮮味滿滿的醬油煮料理。把切成菖蒲花形狀的獨活（①）、切絲之後打結的蜂斗菜（②）和口感清脆的蘆筍都一起盛入盤中，充滿春意盎然的色彩。球芽甘藍在中心部分切入十字形的切痕會比較容易入味（③）。→P26、P30、P32

醬油煮目張魚

目張魚在魚皮上切入切痕比較容易入味，然後與竹筍一起煮成味道清淡的醬油煮料理。以油菜花的綠色和花瓣胡蘿蔔（④）來增添春天的華麗感。用別的技法來切雕胡蘿蔔的話，可以展現出截然不同的氣氛。

以魚雜製作一道美味的料理

魚雜指的是剖魚時切下魚肉之後剩下來的魚頭、附著魚肉的骨頭和魚下巴等等。因為含有濃厚的鮮味可以煮出美味的高湯，所以經常把這種高湯製作成煮物或湯品。仔細地去除血合肉，並且在已經煮沸的熱水中過一下來去除腥味，做完這些前置作業之後再煮成醬油煮。吃起來很美味，而且毫不浪費，是聰明利用素材的一個方法。

點綴春季的切雕技法〈火鍋・壽司〉

這裡要介紹的是在P14的〈春季火鍋〉、P16的〈春季壽司〉中所使用的切雕技法。

蛤蜊火鍋

將蛤蜊、竹筍分別以切雕技法和隱刀法處理，讓它們吸飽兩者的
鮮味所產生的美味高湯。獨活和蕨菜更加深了春天的季節感。

① 蛤蜊

蛤蜊可以煮出香氣豐富的高湯，為
了讓它釋出大量的鮮味，要用菜刀
將蛤蜊肉切入切痕。 →P37

② 竹筍

將竹筍切成既可保持適度口感，又
可讓蛤蜊高湯充分滲入的薄片。

③ 蕨菜

去除澀味的蕨菜，其獨特的黏糊口
感與其他食材有絕妙的契合度。

④ 細長條獨活

把與蛤蜊和海帶芽口感不同，咬起
來很清脆的細長條獨活加進火鍋
中，形成的對比成為這道料理的賞
味重點。 →P26

各式手鞠壽司

將鯛魚、赤貝、針魚、櫻鯛、日本鳥尾蛤這些色彩漂亮的魚貝類進行各式各樣的切雕，
不僅可以增添美感，同時也讓客人享受到更好的口感。為了做成容易食用的一口大小，
切雕和隱刀法的技術也是不可欠缺的。

❶ 赤貝鹿之子壽司

赤貝切入鹿之子格紋可以產生適度
的彈性。藉由細緻的鹿之子格紋，
也能增添色彩的鮮豔度和華麗感。
→P34

❷ 針魚鹿之子壽司

切入細緻的鹿之子格紋後，具有彈
性的針魚肉會變得比較容易捏製成
手鞠球的形狀。→P38

❸ 鯛魚昆布漬壽司

用昆布醃漬以片切法切下的鯛魚
片，鮮味會變得濃郁，特別是做出
來的成品會帶有透明感。→P32

❹ 櫻鱒壽司

將櫻鱒黏稠且油脂肥美的魚肉以片
切法切片，會比較容易入口。→P37

❺ 日本鳥尾蛤壽司

輕輕敲打日本鳥尾蛤肉光潤的表
面，可以讓口感變得更好。

❻ 花瓣生薑
花瓣百合根

將甜醋漬生薑和百合根製作成花瓣
形狀，撒在盤中，增添春日風情。
→P141

獨活

純白的莖身呈現出的美感以及容易切開的特質，讓獨活成為適合切雕的春季代表素材。除了作為搭配之用，還可以善加利用它的口感做成拌菜等。外皮內側的纖維有點硬，重點在於削皮時要削得厚一點。

前置作業

把外皮削得厚一點，達3mm左右的程度，以便去除有點硬的纖維。

花苞

1 將獨活以桂剝法處理之後，切成5～6cm的長度，然後削成圓錐狀的花苞形狀。

2 以三角雕刻刀刻出像在扭轉的花紋。

菖蒲花

1 將獨活以桂剝法處理之後，切成5cm×1.5cm左右的長方形，接著切成梯形。

2 將①切入左右對稱的切痕。如果左右兩邊的厚度不一致，會變得不平衡，請注意。

3 將②往左右撥開，泡水之後使它堅挺地張開來。

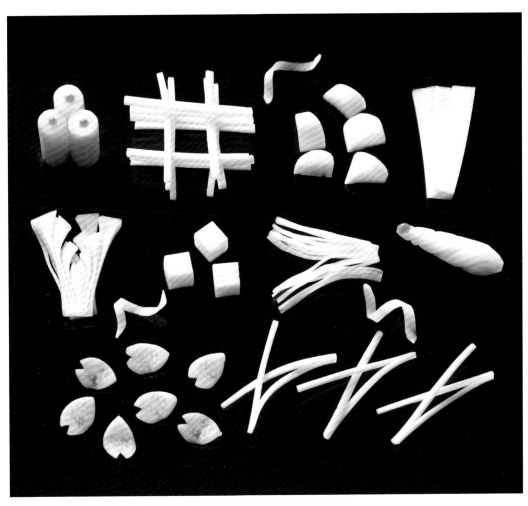

獨活的各式切雕技法　（上排左起）圓筒形、細長條、滾刀塊、長方形、
（中排左起）菖蒲花、方塊、摺扇、花苞、（下排左起）花瓣、松針

一品料理

醋味噌拌獨活
將切成滾刀塊的獨活以醋味噌調拌
而成的一道料理。可以享受到清脆
的口感和春季的香氣。

金平獨活皮
把外皮削得厚一點，再以切斷纖維
的方式切成細絲，做成口感很好的
金平料理。

竹筍

宣告春天來臨的代表素材。可以輕易地加工成各種不同的形狀,發展出豐富多樣的料理。硬度和口感因部位而異,請巧妙地分別使用。製作成煮物時,為了有很好的口感,請先將纖維切斷之後再烹煮。

前 置 作 業

1 將竹筍縱向切入切痕。

2 鍋中放入米糠和鷹爪辣椒,從冷水開始煮起。

3 煮好之後剝除外皮。

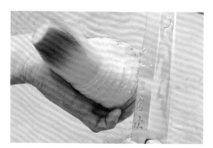

4 以刀背刮除堅硬的部分。

拼盤

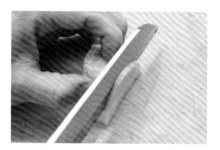

以切斷纖維的方式,用隱刀法切入切痕,讓味道充分滲入竹筍中。

方塊

切成1cm的方塊。為了方便入口和盛盤所採用的切法,適用於拌菜等料理。

桂剝法

要將其他素材捲起來,或是想切得極細時使用。依照用途削切出適當的厚度。

空心筒形

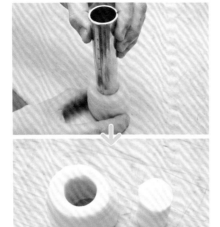

要將中心部分壓切成空心、填入魚漿或壽司時可使用這種方法。直接將長長的竹筍壓切成空心筒形，填入內餡之後再切開，就會呈現出漂亮的切面。

姬皮

1 縱向切開。

2 因為前端和外皮部分的硬度不同，縱向切開之後，從切面的根部輕柔地一路切下去，只將可以自然切開的部分用來製作拌菜等料理。

蛋餡竹筍
在壓切成空心筒形的竹筍中填入以蛋攪拌而成的蛋餡，一旁附上竹筍殼作為裝飾之用。

山椒芽拌竹筍
以山椒芽調拌切成方塊的竹筍，是能感受春天氣息的一道必備料理。

蜂斗菜

蜂斗菜具有獨特的風味和口感。切成小圓片時,清爽的綠色特別漂亮。請活用各種不同的切雕技法,將它當做料理的重要配角來使用。

1
切成適當的長度,把鹽搓揉進去之後,在砧板上搓滾。

2
用熱水煮過後,削去薄皮。

小圓片

切成小圓片時,可以呈現出有著小小孔洞的漂亮圓形切面,成為點綴拌菜的視覺焦點。

竹葉切法

斜斜地切成5mm寬左右的竹葉切法,除了具有清脆的口感之外,還可以享受到獨特的風味。

切絲

縱向細細切開的切法,可用來製作打結的蜂斗菜,或是當做卷物的中心部份,用途十分廣泛。

一品料理

打結蜂斗菜土佐煮

將切成絲的蜂斗菜打結,再以大量的柴魚片稍微煮一下,是道可以充分享受春季香氣的料理。

蜂斗菜茶泡飯

切成小圓片的蜂斗菜呈現清爽鮮明的綠色,充滿海鼠子(乾燥的海參卵巢)鮮味的茶泡飯,味道清淡爽口。

大瀧六線魚有著純白的魚肉和高雅清淡的味道，是春季湯品不可欠缺的素材。因為有小魚刺，要以骨切法處理之後才用來製作料理。

大瀧六線魚

前置作業

1
以菜刀從上身的腹部切入，接著從背部切入，切離上身。

2
下身也從骨頭切離，把魚剖開成3片。

3
以魚刺夾仔細拔除小魚刺。

骨切法

1
用菜刀以從近身處推出的方式，間隔3～4㎜切入切痕，將魚骨切斷。為了不把魚皮切斷，菜刀要在最貼近魚皮的地方停住。

2
如果要製作成椀物（清湯），就將已經以骨切法處理好的魚肉切成容易入口的大小，撒鹽之後再塗上葛粉。

> **需要熟練的高度技法**
> 骨切法是針對狼牙鱔或大瀧六線魚等，有著無數小魚刺的魚所使用的技法。使用骨切法處理可使口感變好，同時還有使味道清淡的魚肉較容易沾裹住日式高湯的效果。

一品料理

大瀧六線魚椀物
附上切成細線狀的獨活、切成薄片的竹筍、蕨菜和山椒芽，即可品嚐油脂恰到好處且味道高雅的白色魚肉。

鯛魚

鯛魚的滋味、樣貌都別樹一格，是喜慶場合不可欠缺的素材。春季的鯛魚稱為櫻鯛，鮮味更為濃郁。剖開成3片後可以使用片切法、薄切法，或是能美味享用魚皮和魚肉間脂肪的松皮切法等，以各式各樣的切雕技法帶出其高雅的味道。

前 置 作 業

3片切法

1
切下魚頭。

2
以菜刀從腹部切入，切至中骨為止。

3
沿著中骨，切下單邊的魚肉。

4
把魚身反轉，以菜刀從背部切入。

5
剖開成3片。

剖梨法

1
以菜刀的刀尖插入前齒的縫隙，一口氣切開。

2
切成方便食用的大小。

3
將單面魚頭各分切成3塊。

3片切法是最基本的切法

魚的3片切法是將清洗（→P160）乾淨的魚切下魚頭，然後分成上身、下身和中骨共3片的剖魚法，是製作生魚片時不可欠缺的基本技法。切入菜刀的次數越少就越能漂亮地切下魚肉，最重要的是分切時盡量不要讓魚肉殘留在中骨上。

片切法

拉除魚皮之後，切成約5mm厚，維持一定的厚度。這個時候要順著纖維切開，保持口感。

薄切法

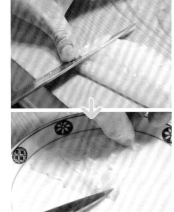

拉切成2～3mm左右的厚度，做成薄切生魚片。保留了適度的彈性和咬勁，同時也能輕易地沾裹味道契合的酸橘醋。

松皮切法

1
已經修整切塊的魚肉，在魚皮那面上放上毛巾，澆淋滾水後放入冰水中。順著魚肉塊在魚皮上切入切痕。

2
將菜刀稍微傾斜，拉切成約5mm厚的魚片，形成松樹外皮的模樣。可以欣賞到鯛魚獨特而美麗的魚皮色調，並享受其口感。

細條切法

魚肉以觀音開的刀法左右攤開之後，細細切成5mm左右的寬度，這種處理方式能讓魚肉的厚度均等，可以切得又細又漂亮。除了細條生魚片之外，也適合做成拌菜。

鯛魚昆布漬細條生魚片

將切成細條狀的鯛魚以昆布包夾醃漬，讓鮮味更有深度。

赤貝

多數的貝類都是在春天迎來盛產期。其中，尤以赤貝鮮明的朱紅色最為美麗，切雕的種類也很豐富，是能有多樣表現、為各式料理增添華麗感的素材。

前 置 作 業

1
將開殼刀左右挪動，撬開外殼。

2
用開殼刀剝離貝柱。

3
切除外套膜。

4
切除血合肉等黑色的部分。

5
剖開。

6
去除內臟，以鹽清洗，洗掉黏液。

逆紋切法

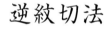
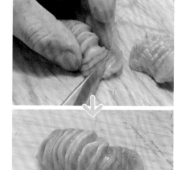

在赤貝肉的表面均等地切入寬2mm左右的紋路，這麼做不論口感或外觀都能帶出華麗的風情。

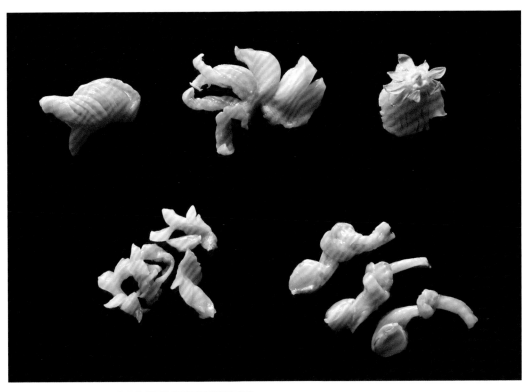

赤貝的各式切雕技法　　　（上排左起）逆紋切法、雞冠、草莓、
　　　　　　　　　　　　（下排左起）唐草、繩結

鹿之子格紋

1
用菜刀劃出鹿之
子格紋。

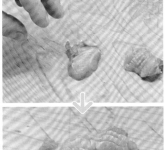

2
將貝肉用力摔在
砧板上，貝肉會
彎曲翹起來，浮
現出立體的鹿之
子格紋。

唐草

1
以不切斷貝肉的
方式，在貝肉的
內側以5mm的間
隔斜斜地劃入切
痕。

2
讓菜刀和①的切
痕呈直角，以5
mm的寬度切開貝
肉。利用表面的
彎曲調整成唐草
的模樣。

記得多加一道工序

將赤貝的貝肉用力摔在砧板上，只要在作業中
多加這道工序，就能讓赤貝充分展現其爽脆的
獨特口感。

短爪章魚

春天來臨時，短爪章魚會帶有大量的卵。塞得滿滿的卵粒看起來很像米粒，所以日文把牠叫做飯蛸。用不同的方法調理卵和章魚腳，就能享受到不同的口感和風味。

前 置 作 業

1 以鹽搓揉去除黏液後，切下腳的末端。

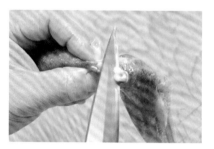

2 切下眼珠。

3 保留卵的部分，剔除墨囊和內臟。

4 將頭部和腳切開，取下口器。

5 用牙籤別住頭部以免卵粒流出，充分地加熱。為了發揮章魚腳半生的口感，這部分迅速地煮一下即可。

一品料理

黃味醋拌短爪章魚
以黃味醋調拌一下，就能分別品嚐卵粒飽滿的口感，以及章魚腳十足的嚼勁。

在貝類之中，蛤蜊是鮮味特別豐富的素材。用菜刀在蛤蜊肉上切入切痕，可以萃取出更加美味的高湯，也更容易食用。

蛤蜊

前 置 作 業

1 鍋中放入蛤蜊、昆布和酒，開火加熱。

2 蛤蜊開殼之後關火。

3 將蛤蜊肉從殼中取出，劃入切痕以切斷纖維。

蛤真丈

盛滿蛤蜊鮮味的時令清湯。可以盡情享用上等高湯的美味。

櫻鱒以魚肉帶有鮮豔的朱紅色和覆滿黏糊的油脂為特色。因為魚皮含有黏液，不易處理，請小心地進行切雕。

櫻 鱒

前 置 作 業

1 切下上身之後，一口氣切除下身的中骨。

2 切除背鰭。

烤物

烘烤時，在魚皮上切入細細的切痕會更容易烤熟，表面也能烤得很酥脆。

手鞠壽司

如果要生食的話，一邊削切成3mm的厚度，一邊去除魚皮。

手鞠壽司

充分利用櫻鱒的紅色，表現出漂亮可愛的感覺。

針魚

這是比起展現透明魚肉和銀色魚背兩者對比的美感，更想藉由切雕技法展現魚肉纖細紋理的一種素材。容易施行精細的刀工，切雕技法也有豐富的種類。

前置作業

大名切法

1
以魚刺夾拔除腹鰭。

2
切下魚頭，再沿著中骨一口氣切開半身。

3
翻面之後，以同樣的方式切開剩餘的半身。

4
切除腹骨，再以刀背拉除魚皮。

蕨菜

1
將單面魚身以觀音開的刀法切開攤平，中骨也同時切除。

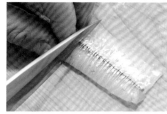

2
用隱刀法細細地切入切痕。

3
疊放青紫蘇葉之後捲起來。

4
切成一半，調整形狀，做成蕨菜的樣子。

鹿之子格紋

在魚皮上切入鹿之子格紋，再切成容易入口的大小。轉一圈捲起來盛盤，就會漂亮地浮現出鹿之子格紋的模樣。

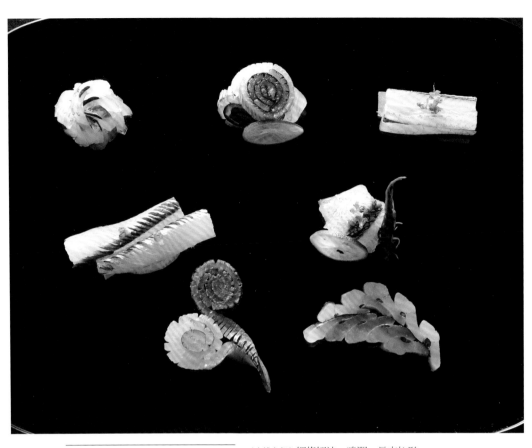

針魚的各式切雕技法　　（上排左起）細條切法、鳴門、長方柱形、
（中排左起）逆紋切法、鹿之子格紋、（下排左起）蕨菜、藤花

藤花

1
把5片切成2cm厚的魚片重疊在一起，從正中央切開。

2
把①立起來，調整成藤花花瓣的形狀。

鳴門

1
與蕨菜一樣，將單面魚身以觀音開的刀法切開攤平，放上海苔之後捲起來。

2
把針魚海苔卷分切開來，仿造出漩渦的樣子。

39

切雕技法的器具和訣竅①

薄刀菜刀
這是專門用來切蔬菜的菜刀，顧名思義，是刀刃做得很薄的單刃菜刀。

〈削薄片〉右手拇指放在刀刃和蔬菜相接的位置，左手拇指放在比右手拇指稍微上面一點的地方。一邊用拇指感覺削出來的厚度和菜刀刀刃的角度，一邊上下移動菜刀，以左手將蔬菜慢慢朝菜刀那側轉動，同時削出薄片。

〈切開〉持菜刀以垂直切下的方式切開。要切不同的方向時，也是把蔬菜轉個方向，菜刀一直是放在相同的位置往下切。

〈以刀尖切開〉進行精細的作業時，要利用菜刀前端尖銳的部分。如果必須進行更精細的作業，最好將刀刃立起來使用。

〈以整個刀刃切開〉從刀跟開始切，將菜刀往近身處拉動，大幅度拉動菜刀把素材切開。這個時候要把菜刀使用至最大極限，直到刀尖為止。

〈以刀跟切開〉遇到要切入很深的切痕等情況，可以使用這個方法。將右手拇指浮放在菜刀上，一邊確認刀跟切入的深度，一邊切入切痕。

夏季切雕技法

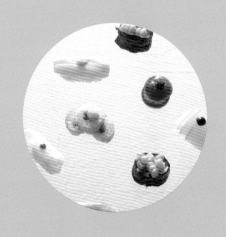

〈蔬菜〉冬瓜、茄子、玉米、金線瓜、秋葵、青椒、甜椒、青芋莖、茗荷、小黃瓜、番茄、〈海鮮〉鱸魚、沙鮻、竹筴魚、石斑魚、明蝦、狼牙鱔、星鰻、鮑魚、日本鬼魪、章魚等夏季食材。

夏季食材

夏季以當令的小黃瓜為切雕的代表素材。
除了容易進行細膩的切雕之外，
帶有清涼感的深淺綠色也能靈活運用於各式料理中。
若說到點綴京都夏季的魚，非狼牙鱔莫屬。
因為離海遙遠，像狼牙鱔這樣生命力強韌的魚很受重視，
為了美味地享用而發展出骨切法這樣的技術。
章魚也同樣被運用於多樣化的切雕技法，它的口感柔軟，
且華麗地展現紫紅色和白色的強烈對比。

夏季八寸

3種滑順口感，能夠舒暢地滑溜入喉。
眼睛和舌頭都能實際感受到涼意。

【3種山藥泥】
素麵南瓜佐番茄山藥泥（千枚章魚、秋葵、魚子醬）、
醋拌海蘊佐秋葵山藥泥（明蝦、鵪鶉蛋）、
鮑魚素麵佐鮑魚山藥泥（梅肉、青海苔）

P54有詳盡的解說。

45

夏季生魚片拼盤

將夏季的海鮮盛裝在柑橘釜和蔬菜釜中，
然後放入冰製的方盤，展現出生氣勃勃的樣子。

【夏季鮮魚　長方形冰盤】
炙烤狼牙鱔臭橙釜、洗明蝦蘿蔔圓框、片切生石斑魚片
檸檬釜、竹筴魚鹿之子方塊番茄釜、波形生鮑魚切片三
色甜椒釜、桔梗小黃瓜、蛇腹小黃瓜、螺旋小黃瓜。

P56有詳盡的解說。

夏季煮物

帶著亮眼清透的綠意。
削切成細條狀的冬瓜和切成針狀的調味配料令人胃口大開。

【素麵冬瓜冰鍋】
素麵冬瓜、柔煮鮑魚、明蝦、汆燙鴨兒芹、酢橘、
（3種調味配料）針狀蛋絲、針狀小黃瓜、針海苔
P58有詳盡的解說。

夏季火鍋

夏季的風物詩「狼牙鱔」以二片開法讓口感變好，
一旁附上很對味的洋蔥。

【狼牙鱔涮涮鍋】
二片開生狼牙鱔剖半竹片盛盤、
水菜、香菇、洋蔥、番茄

P59有詳盡的解說。

夏季壽司

將夏季蔬菜五彩繽紛的色彩和口感，
如同閃亮的珠寶盒般漂亮地呈現出來。

【夏季蔬菜壽司】
秋葵海苔卷、魚子醬綴小番茄釜、千枚冬瓜
卷、青芋莖握壽司、茗荷壽司、玉米軍艦
卷、蓮藕蛇籠、小黃瓜卷

P60有詳盡的解說。

點綴夏季的切雕技法〈八寸〉

這裡要介紹的是在P44的〈夏季八寸〉中所使用的切雕技法。
八寸重視的是夏季的清涼感，以滑順入喉的山藥泥搭配各種素材，製
作出色彩豐富的3種料理。將秋葵薄片的綠色、番茄小碎塊的紅色和素
麵鮑魚的黑色等，在形狀和色彩的分配上費心設計。以相同素材組合
成多種料理時，製作重點在於味道、分量、色彩等的平衡。

3種山藥泥

❶ 醋拌海蘊佐秋葵山藥泥

將剁碎的秋葵山藥泥淋在醋拌海蘊上，再附上明蝦小圓片和鵪鶉蛋。秋葵的綠色和明蝦的粉紅色形成對比，非常漂亮。→P65

❷ 素麵南瓜佐番茄山藥泥

素麵南瓜煮成細麵狀，再拌入番茄小碎塊和山藥泥。素麵南瓜的黃色、千枚章魚的白色、秋葵切片的綠色五角形，以及魚子醬亮晶晶的黑色，呈現出美麗繽紛的色彩。→P65

❸ 鮑魚素麵佐鮑魚山藥泥

鮑魚用蘿蔔夾住，以桂剝法削成薄片之後切成素麵狀。將生鮑魚直接以研磨缽磨成泥狀，用來製作山藥泥，然後淋在鮑魚素麵上，再添加梅肉和青海苔。在一道料理中居然可以奢侈地享受到鮑魚的2種口感。

→P71

點綴夏季的切雕技法〈生魚片拼盤〉

這裡要介紹的是在P46的〈夏季生魚片拼盤〉中所使用的切雕技法。
在冰涼的長方形冰盤上擺放裝滿夏季海鮮、色彩繽紛的釜。波形生鮑
魚切片、片切生石斑魚片和竹筴魚鹿之子等，藉由非常適合素材性質
的切雕技法，可以使素材的口感變佳，並且帶出更深一層的美味。是
肉質緊實的魚，還是柔軟的魚？請準確地掌握特徵，再進行切雕作業
吧！新鮮水嫩的蔬菜切雕，也增添了不少清爽感。

夏季鮮魚　長方形冰盤

❶ 波形生鮑魚切片
　三色甜椒釜

將很有咬勁的鮑魚切成波形切片，
不僅變得容易咀嚼，外觀也增添了
亮點。把切成圓形薄片的甜椒以漂
亮的配色重疊起來，做成盛裝的
釜。→P71

❷ 片切生石斑魚片檸檬釜

將代表夏季的高級魚種「石斑魚」
做成片切生魚片，保留恰到好處的
口感，盛裝在檸檬釜上。

❸ 洗明蝦蘿蔔圓框

將蘿蔔以桂剝法削成薄片之後重新
捲起來，從外側開始錯開位置做成
釜，再放上洗明蝦。→P157

❹ 炙烤狼牙鱔臭橙釜

把骨切法切片的狼牙鱔炙烤一下，
烤得香氣四溢，然後盛裝在臭橙釜
上。→P74

❺ 竹筴魚鹿之子
　方塊番茄釜

在已經拉除魚皮的竹筴魚上切入鹿
之子格紋，可以更容易沾裹上醬
油。與味道契合的番茄一起清爽地
享用。→P70

❻ 桔梗小黃瓜

將切成桔梗形狀的小黃瓜當做山葵
泥的底座使用。→P62

❼ 螺旋小黃瓜

突顯綠色的深淺對比和曲線的切雕
技法。→P62

❽ 蛇腹小黃瓜

將帶花小黃瓜切成蛇腹形狀，為口
感增添趣味。→P62

點綴夏季的切雕技法〈煮物・火鍋〉

這裡要介紹的是在P48的〈夏季煮物〉、P50的〈夏季火鍋〉中所使用的切雕技法。

素麵冬瓜冰鍋

這道夏季煮物是在一看就覺得很清涼的冰鍋中，裝滿了呈透明翡翠色的素麵冬瓜。可以品嚐到用桂剝法削成薄片、再切成細麵狀的冬瓜清爽的口感。

❶ 素麵冬瓜

將冬瓜以桂剝法削成3mm厚的薄片，然後切成細麵狀，仿製成素麵，具有清脆滑溜的順喉感。用桂剝法削成薄片之後，可捲可切、可做成細麵狀，有各式各樣的應用方法，不過如果想要做出滑順的口感，削成均一厚度是必備的條件。為了可以連續削切出相同的厚度，請多練習幾次。→P68

❷ 3種調味配料

把蛋絲、海苔、小黃瓜分別切成極細的針狀，就可以與素麵冬瓜混拌得很均勻。

狼牙鱔涮涮鍋

將以二片開法切片的狼牙鱔製作成能盡情享受其獨特鮮味和口感的火鍋料理。
在放入鍋中的香菇上切入鹿之子格紋，會比較容易煮熟。

❶ 二片開生狼牙鱔切片

二片開法可以一邊將魚骨切斷，一邊將每一片的表面積擴大。如此一來，魚肉會較快煮熟，也比較容易沾裹上酸橘醋，非常適合用來煮涮涮鍋。→P74

❷ 香菇鹿之子、洋蔥片、番茄片

用菜刀在香菇上切入鹿之子格紋，會比較容易煮熟。洋蔥和番茄切片能在狼牙鱔的鮮味中添入甜味和酸味。

點綴夏季的切雕技法〈壽司〉

這裡要介紹的是在P52的〈夏季壽司〉中所使用的切雕技法。
以大量的蔬菜來製作，靈活地運用豐富多樣的技巧，把一口大小的可
愛壽司做成拼盤，打造成開胃菜的風格。可以享受到小黃瓜的咬勁、
茗荷的清脆感、冬瓜的清爽感和漂亮配色爭奇鬥豔的演出。

夏季蔬菜壽司

❶ 千枚冬瓜卷

以切成薄片、稍微調味過的冬瓜，將醋飯捲起來。放上田樂味噌增添風味。→P68

❷ 魚子醬綴小番茄釜

小番茄從上部1/3處切開，將中心挖空之後填入醋飯，再添上魚子醬，用來統合色調和提味。

❸ 秋葵海苔卷

將汆燙過的秋葵當做中心，捲成小小的海苔卷，然後斜斜地切開來展現切面的模樣。

❹ 蓮藕蛇籠

以削切成蛇籠形狀的蓮藕把醋飯捲起來，添上梅肉作為視覺亮點。

→P136

❺ 茗荷壽司

切除茗荷的根部，剝成一片一片。汆燙一下，用甜醋醃漬之後做成握壽司。以鮮豔的紅色和清爽的風味為特徵。

❻ 青芋莖握壽司

將青芋莖削皮之後汆燙一下，調味做成握壽司。添上白味噌，營造出充滿夏日氣息的清爽色彩。

❼ 玉米軍艦卷

將蒸熟的玉米以桂剝法剝下玉米粒，放在軍艦卷的上面。

❽ 小黃瓜卷

用桂剝法將小黃瓜削切成1mm左右的薄片，再將綠皮的部分切成針狀。以針狀小黃瓜為中心，用小黃瓜薄片代替海苔把壽司捲起來。→P62

小黃瓜

小黃瓜除了其鮮明綠色能帶來清涼感之外，還有清脆、多汁的口感，足以突顯這些特點的切法變化非常多，可說是夏季切雕的代表素材。

桔梗

1 薄薄地削成五角形。

2 沿著5個面薄薄地削出花瓣，不要切斷。

3 扭轉取下桔梗的部分。

4 修整花瓣的輪廓。

5 泡在冷水中。

螺旋

1 切成5cm左右的長度。

2 壓切成空心筒形。

3 切入切痕，不要切斷。

4 將刀尖從右邊前面的切痕插入，斜斜地切下，但要與左鄰的後面相連。逐步切斷全部的切痕。

蛇腹

1 斜斜地切入細細的切痕直到一半的位置。

2 從反面再切入切痕直到一半的位置。

3 泡在鹽水中讓小黃瓜變軟。

**黃味醋拌
蛇腹小黃瓜和蝦**

小黃瓜切成蛇腹狀、泡在鹽水中變軟後，可用來製作拌菜等。表面積變大比較容易沾裹醬汁，蛇腹的外觀也很漂亮顯眼。

一品料理

冬青葉

1 把皮削得厚一點。

2 以模具壓切出冬青葉的形狀。
使用筒狀壓模，再修整成形。

波紋

1 削皮。

2 保留中心，以桂剝法削出2片
根部不切斷的薄片。

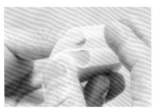

3 調整形狀。

小黃瓜的
各式切雕技法

（上排左起）桔梗、螺旋、
（中排左起）冬青葉、波紋、反向
　　　　　切法、
（下排左起）蛇腹、套環、松針

4 切除③的中心底部，使它成
為穩固的底座。將以桂剝法
削切的部分切成3～5㎜的寬
度，仿製成波紋。

63

松針

1 把外皮削得稍微厚一點。

2 將外皮切成松針形狀。

3 泡水之後，以海苔捲住根部。

套環

1 在壓切成空心筒形的小黃瓜上切入切痕。

2 然後切成圓片，再將圓環連結起來。

反向切法

1 保留兩端，在正中央切入切痕。

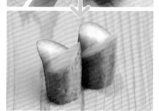

2 將菜刀斜斜切入直到①的切痕處，然後將小黃瓜翻面，以相同的方式將菜刀切入。

一品料理

柴魚片拌雷乾小黃瓜

將小黃瓜切成螺旋狀，撒鹽後風乾一個晚上讓水分消失，就會產生獨特的口感，而且盛盤時會呈現漂亮的形狀。除了作為裝飾之外，也能用來製作拌菜和醋拌菜等。

竹葉小黃瓜冷汁

將小黃瓜切成2mm厚的竹葉形狀，這麼做不但口感好，也比較容易沾裹芝麻醬汁。

鰻魚和針狀小黃瓜佐山藥泥

切成針狀的小黃瓜與山藥泥十分對味，再與契合度佳的鰻魚一起做成清爽的料理。

果莢漂亮的綠色和切成薄片時五角形的切面等，都能為料理增添清爽感。將它縱向切成長條或剁碎成泥，發揮其獨特的黏性和口感吧！

秋葵

薄片

切成薄片的話，切面會變成漂亮的五角形，可用來製作拌菜或作為浮在湯面上的湯料。

剁碎的秋葵泥

稍微剁碎，做成秋葵泥。利用其黏性製成拌菜和醋拌菜等料理。很適合搭配山藥泥。

秋葵薄片清湯

切成薄片的秋葵滿滿地浮在湯面上，呈現出夏天的氣息。

二品料理

縱切法

縱切成長條形，除了作為料理的配菜之外，也可以當成頂飾配料，擺在高高堆起的料理上。

竹葉

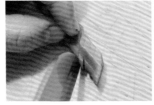

切成竹葉的形狀可以形成銳利的切面和稜角，適合做成拌菜。

芝麻拌秋葵

將切成滾刀塊的秋葵和蝦子以香濃的芝麻醬稍微調拌一下，做成清爽風味。

以鮮豔的紅色和清爽的酸味為特色的番茄，可以橫向切片或是切成瓣形，用不同的切法呈現出多變的樣貌。

番茄

千枚切法

因為外皮不易切開，需注意盡可能不要壓爛果肉。

方塊

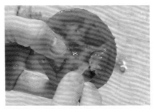

將汆燙後剝除外皮的番茄切成一半，去除籽和水分之後，利用果肉的厚度切成方塊。

二品料理

番茄碎塊塔塔醬

將小黃瓜和番茄切成小碎塊做成塔塔醬，再倒入生薑凝凍製作出洋溢清涼感的一道料理。

長茄子・小茄子・圓茄子

茄子有各種不同的種類和形狀,可以分別以適合各自特性的切雕讓外觀或味道有所變化。因為以油烹調會更美味,經常用來製作炸物,藉由切雕可以讓茄身不破裂,做出漂亮的炸茄子。

長茄子 紋路

1 切除蒂頭之後,縱切成一半。因為茄子帶有澀液,容易變色,所以切開之後要立刻泡在水中去除澀液。

2 在茄子表面斜斜切入間隔3mm的紋路,會比較容易入味,而且口感也會比較好。不沾裹麵衣直接下鍋油炸,紋路就會漂亮地浮現出來,顏色也會很鮮豔。

茶筅小茄子

1 用菜刀抵著轉一圈,劃入切痕,然後取下花萼。

2 使用菜刀刀跟的銳角,等距離切入8～10道左右深深的切痕。除了田樂味噌茄子之外,也適用於油炸之後勾芡等料理。

圓茄子 扭轉削皮

1 切除圓茄子的上下部分。

2 使用整個菜刀的刀刃,一邊上下扭轉,一邊薄薄地削除1mm左右的外皮。一邊扭轉一邊削皮可以將外皮削出均等的厚度。

茄子素麵

將已經扭轉削皮的圓茄子切成素麵狀,沾裹葛粉之後汆燙一下即完成。可以享受到滑溜順喉的清涼口感。

田樂味噌茶筅小茄子

將切成茶筅狀的小茄子油炸之後扭轉,就會像茶筅一樣漂亮地展開。填入很對味的田樂味噌,讓味道更豐富。

炸煮長茄子

將長茄子油炸之後燉煮而成的一道料理。切入紋路後先炸再煮,就會變成漂亮的花紋。

冬瓜

外皮的綠色和瓜肉的白色形成對比，令人感受到美麗的透明感，是非常適合表現夏季清涼感的素材。在前置作業時削除堅硬的外皮，以下面鮮豔的翡翠色內皮進行切雕，讓它呈現澄淨鮮明的美感。

前 置 作 業

1
使用菜刀的左側刮除堅硬的外皮。

2
切成適當大小。

3
用菜刀在內皮上斜斜地切入細紋。

4
以鹽搓磨內皮，稍微靜置一下。

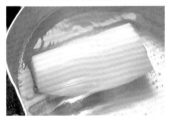

5
用熱水整體煮熟之後，泡在冷水中。

素麵冬瓜

1
將冬瓜切成10cm寬的塊狀，再以桂剝法削成約2～3mm厚的薄片狀。

2
將以桂剝法削出的冬瓜薄片重新捲起來，然後細細切成2～3mm寬的素麵狀。

3
撒上鹽，再撒上葛粉，用熱水煮熟之後放入冷水中。

千枚冬瓜

1
將冬瓜切成10㎝寬的塊狀，切除種子的部分。

2
用鹽搓磨內皮，再以千枚切法切成薄片。汆燙一下之後，泡在冷水中。

冬瓜翡翠煮
將冬瓜修整切塊，利用其鮮亮的翡翠色。燉煮軟化之後以蝦肉碎末勾芡。

冬瓜絹田煮
用桂剝法削出的冬瓜薄片捲住鰻魚，燉煮而成的一道料理。

一品料理

千枚冬瓜清湯
將以千枚切法切成薄片的冬瓜蓋在牡丹花形的狼牙鱔上，做出具有透明感的漂亮清湯。

竹筴魚

夏季時油脂肥美、鮮味大增的竹筴魚，活力十足是牠的強項。重點在於不同的切法會產生口感上的差異，而且要盡可能把皮薄薄地拉掉，展現魚身的美感。

前置作業

1
以3片切法剖開。這個時候要仔細去除魚身中央部分的小刺。

2
連同稜鱗拉除魚皮。留著稜鱗口感會變差，所以要和魚皮一起剜除乾淨。薄薄地削除腹骨，拔除魚刺。

方塊

在剖好的單片魚身上斜斜地切入切痕，然後切成圓胖的邊長2cm方塊。這麼做可以更加突顯出竹筴魚具鮮活彈性的獨特口感。

片切生魚片

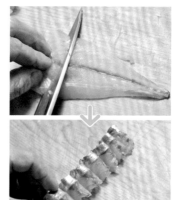

將魚皮那面朝下拉動菜刀，削下稍薄的魚片。片切生魚片可以表現出極佳的口感。

平切生魚片

1
仔細拔除魚刺。

2
將魚身有厚度的那面朝上，以描畫弧線的方式拉動菜刀，做成平切生魚片。

一品料理

平切生竹筴魚片

漂亮地呈現出魚身的花紋。維持1cm左右的厚度，就能切出具有黏稠口感的生魚片，可以盡情享用油脂的鮮美滋味。

代表夏季的貝類之王。富有嚼勁和充滿海水氣息的獨特風味，經過切雕之後變得更加美味了。

鮑魚

前置作業

1
用棕刷刷除髒污，再以飯勺鏟下貝柱。

2
切除肝臟，取下口器。因為外殼很漂亮，也可以當做容器使用。

波形生切片

1
切除緣側肉，取下貝柱。

2
切入細細的紋路。

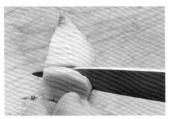

3
用菜刀以某個固定角度切入鮑魚中，切出鋸齒形狀，模仿波浪的花紋。切成波形生切片可以充分享受到鮑魚肉的彈性。

鮑魚素麵

1
切除緣側肉，上下以蘿蔔夾住，插入竹籤。

2
以桂剝法與蘿蔔一起削切成2mm左右的薄片。用蘿蔔夾住就可以很穩固地進行削切。

3
將鮑魚片切成細條狀並撒上葛粉，以滾水汆燙後泡在冷水中。切成細條狀可使口感變好，也比較容易食用。

章魚

章魚會在夏季時進入盛產期。將嚼起來很有彈性的章魚肉切成薄片,或是汆燙一下,就可以使味道產生各種不同的變化。加熱太久,章魚肉會緊縮過度而變硬,請留意。

前 置 作 業

1 用鹽搓揉,去除內臟。

2 切除眼睛和口器,然後用水將鹽分清洗乾淨。

3 切下章魚腳之後,切除吸盤。

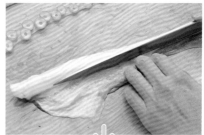

4 從切下吸盤的位置,用整支菜刀貼著章魚腳剝除外皮。這個時候,將菜刀的刀刃以稍微浮起的方式滑動,比較容易剝除外皮。

波形生切片

對著汆燙過的章魚肉斜斜地拉動菜刀,切成波浪的形狀。波形生切片可以在保留口感的前提下,讓章魚肉變得容易咬斷。

薄切片

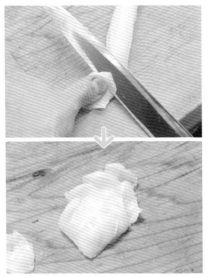

將剝除外皮的章魚肉稍微汆燙一下，再泡入冰水中使肉質變得緊實，然後切成2mm左右的薄片。這麼做能讓口感變好，可以盡情享受章魚細緻的風味。

蛇腹

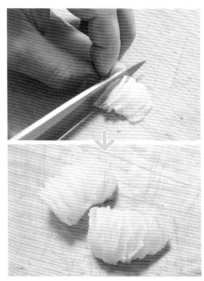

1 保留一片薄皮，以2mm的間隔切入10道左右的切痕之後切斷。成品看起來分量變多了，而且切入切痕也可使口感變得柔軟。

2 吸盤在水煮之後分切開來。因為口感佳，又可增添特殊的風味，也用來作為擺盤時的裝飾等。

醋拌章魚
切成波形生切片可以品嚐到章魚富有彈性和嚼勁的獨特口感。

薄切生章魚片
具有透明感，看起來也很清涼的一道美麗料理。可同時享受到章魚片很有彈性的嚼勁和吸盤經過水煮後的清脆口感兩者之間的對比。

73

狼牙鱔

提到京都的夏天，就會想到狼牙鱔，牠以「祇園祭時必備的佳餚」聞名，具有高雅細緻的鮮味。但除了魚皮之外的整個肉身都布滿小刺，一定要用骨切法切到貼近魚皮的位置為止。狼牙鱔的骨切法據說是一旦學會就可以出師的高級技術，也可應用在大瀧六線魚等其他魚類上，請務必學會這項刀法。

前置作業

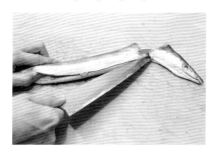

1 去除黏液，剖開腹部，取出內臟。

2 從腹部下刀，切除中骨和腹骨。

3 翻面之後切除中骨。

4 薄薄地切除腹骨。

5 去除背鰭。

為何會發展出骨切法呢？

以往交通工具不發達的時代，在離海很遠的京都有被稱為「挑夫」的魚販，由他們供應魚貨。夏季時，多數的魚貨會因在炎熱的天氣被運送而死亡，據說其中唯有狼牙鱔以驚人的生命力存活下來。不過，由於狼牙鱔的小刺很多，調理時很辛苦，京都的廚師遇到此等對手，在切磋琢磨的過程中研發出骨切法這種高級的技術，繼而發展開來。

牡丹

狼牙鱔以骨切法處理之後，撒上葛粉再下鍋煮，就會像牡丹花一樣綻放開來。雪白的魚肉輕柔地綻開，牡丹狼牙鱔作為華麗的椀物，是夏季料理不可欠缺的一品。

烤 物 用

1 以骨切法處理。

2 穿入鐵籤，不要把魚肉弄碎，為了避免魚皮那面緊縮起來，要不時上下翻面、仔細地烘烤。

二片開法（狼牙鱔涮涮鍋用）

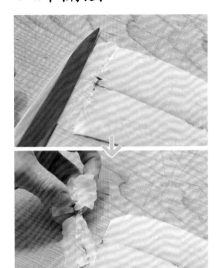

將頭部置於右側，以片切法將魚身斜斜地切成1.5mm左右的薄片，一片先不要切斷魚皮，接下來的一片再切斷魚皮。重點在於，將魚身薄薄切開的同時，也呈對角線切斷了小刺。既可以更加突顯狼牙鱔細緻的味道，口感也會變好。

二片切片法（拌菜用）

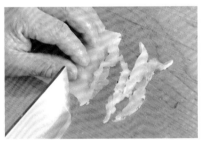

以骨切法切2次，第2次時切下魚肉。放入熱水中氽燙後，用來製作拌菜等料理。

冰鎮氽燙狼牙鱔

將以骨切法切成薄片的狼牙鱔放入滾水中氽燙，再製作成冷盤。外觀看起來很清涼的一道料理。

切雕技法的器具和訣竅②

牛刀

又稱為萬能菜刀，除了肉之外，蔬菜之類的什麼都能切。

將牛刀切入素材中，左手的拇指球（拇指根部鼓起來的位置）放在刀尖那側，直接放上身體的重量往下切。

小刀

刀尖銳利，經常用於細膩的切雕作業。

根據蔬菜的大小或作業的精細程度，被廣泛運用於各種場合。

筒狀壓模

視蔬菜大小或用途選擇尺寸，用於壓切成圓形等時候。

也用於挖出筒狀的洞孔，或是修整成樹葉等形狀的時候。

挖球器

用於挖洞或挖圓球的時候。有各種不同的尺寸。

覆蓋在素材上貼住素材，一邊轉動手腕一邊挖取。

三角雕刻刀

用於鑿出細細的紋路或刻出精巧的雕飾等。

用雕刻刀抵著素材，滑動刀尖削下來。

雕刻刀（冰雕用）

用於製作冰塊容器等冰塊雕刻的時候。

冰塊雕刻是需要速度和正確性的技術。因為容易滑手，所以要戴上棉紗手套，而且為了保護眼睛，要戴上護目鏡。

秋季切雕技法

〈蔬菜〉南瓜、牛蒡、小蕪菁、甘薯、海老芋、
里芋、馬鈴薯、四季豆、蕈菇、
〈海鮮〉鯧魚、白帶魚、甘鯛、鯖魚、梭子魚、
龍蝦、紋甲烏賊、劍先烏賊等秋季食材。

秋季食材

秋天是豐收的季節。將芋頭和南瓜等既鬆軟又帶有甜味的食材，
以不同的削法和切法表現出多樣的口感變化。
提到秋季的魚，非鯖魚莫屬。
京都的家庭在秋季的祭祀慶典時，會將撒上鹽的鯖魚以醋醃漬，
製作成鯖魚壽司當成款待賓客的佳餚。
此時烏賊也變得更美味了，這種華麗的白色食材經過切雕會變得更美，
切法也有很多種。

秋季八寸

將大量的山珍海味製作成拼盤，
豐饒的秋天以各種不同的形狀和表情使人著迷。

【秋季的繽紛】
三股編白帶魚、鯧魚柚庵燒、鹽烤圓筒梭
子魚、古木牛蒡、香烤烏魚子明蝦、菊花
蕪菁、雙色甜椒南蠻漬、油炸栗子刺果甘
薯、油炸芒草霰糖四季豆

P90有詳盡的解說。

秋季生魚片拼盤

雪白的烏賊
藉由多樣的切雕增添了華麗感。
善用青紫蘇葉和海苔，
呈現出細膩的美感。

【各式生烏賊切片】
（上排左起）花、松果、手鞠
（中排左起）鳴門、菊花、八橋
（下排左起）竹子、片切法、蕨菜
P92有詳盡的解說。

82

秋季煮物

樹葉、紅葉、銀杏、菊花……。
以秋季的主題圖案
表現出紅葉豔麗似錦的秋季京都。

【什錦燉菜】

樹葉南瓜、樹葉甘薯、蕈菇芋
頭、銀杏馬鈴薯、紅葉胡蘿蔔、
菊花蕪菁、松針小黃瓜

P94有詳盡的解說。

秋季火鍋

充分利用削圓、六方體、瓣形等切雕技法製作出來的花式關東煮。
更換一下組合，就可以享受各種素材互相搭配的味道。

【花式關東煮】
細紋蒟蒻＋沙丁魚丸＋瓣形小蕪菁
培根＋炸物卷＋六方里芋
半平魚板＋章魚＋削圓的胡蘿蔔

P95有詳盡的解說。

秋季壽司

將變化豐富的5種棒壽司
豪華地盛裝在一起，
來表現適合行樂之秋。

【5種棒壽司】
（上排起）烤色白帶魚壽司、狼牙鱔壽司、煙
燻鮭魚壽司、鯖魚壽司、甘鯛昆布漬壽司

P96有詳盡的解說。

點綴秋季的切雕技法〈八寸〉

這裡要介紹的是在P80的〈秋季八寸〉中所使用的切雕技法。

盛入紅葉、菊花、芒草⋯⋯等秋季風物的八寸，將各種素材以多樣化的切雕加以裝飾，表現出秋天紅葉似錦的京都。這道料理華麗地展現出豐饒的季節。

秋季的繽紛

❶ 三股編白帶魚

白帶魚單片魚身的一端不切斷，分切成3條。將3條魚身編成三股編之後，製作成鹽烤魚。 →P106

❷ 鹽烤圓筒梭子魚

在梭子魚的皮面切入細細的紋路，調整成像稻草包一樣的圓筒形，表現出秋天的豐饒。經過切雕之後，梭子魚的魚身很容易捲起來。

❸ 鯧魚柚庵燒

在鯧魚的皮面切入細細的紋路，以柚庵燒醬汁醃漬後烘烤而成。切入切痕可以防止烘烤期間魚皮裂開，同時也能為外觀增添美感。

❹ 油炸芒草霰糖四季豆

保留四季豆的一端，切成4條，沾裹霰糖之後油炸，表現出芒草迎風搖曳的姿態。

❺ 香烤烏魚子明蝦

將明蝦的背部縱向切開，裡面填滿切成小碎塊的烏魚子烘烤而成。可以同時享受明蝦飽滿有彈性的口感和烏魚子的鮮味。

❻ 古木牛蒡

將牛蒡水煮之後中心部分挖通成管狀，然後填滿蛋絲海苔卷。藉由切面的漩渦花紋表現老樹的年輪。 →P98

❼ 油炸栗子刺果甘薯

將甘薯削切成栗子形狀，與梔子花的果實一起煮，染色之後，像栗子一樣煮成甜食。表面沾裹素麵為炸衣，迅速油炸一下，表現出栗子刺果的樣貌。 →P104

❽ 菊花蕪菁

在蕪菁上細細地切入鹿之子格紋，以甜醋醃漬，再調整成菊花的形狀。將胡蘿蔔小碎塊放在花心的位置。 →P144

❾ 雙色甜椒南蠻漬

以壓模將紅椒和黃椒壓成紅葉和銀杏的形狀，迅速油炸一下，然後以南蠻醬汁醃漬。

點綴秋季的切雕技法〈生魚片拼盤〉

這裡要介紹的是在P82的〈秋季生魚片拼盤〉中所使用的切雕技法。
秋天來臨時，烏賊的鮮味大增。在前置作業中處理過的烏賊，光滑潔淨的白色外觀閃閃發亮，可藉由各種不同的切雕技法為料理增添高雅品味和華麗感。

各式生烏賊切片

❶ 花

將修整切塊的烏賊肉捲起來，表現出花朵從花苞綻放開來的樣子。添上鮭魚卵，華麗地點綴在上面。

❷ 松果

斜斜地切入鹿之子格紋，炙烤一下使烏賊肉翻捲，營造出松果的風情。這麼做也會變得容易入口。

❸ 手鞠

將2mm厚的烏賊切成細條狀，然後一圈圈繞成一團，製作成可愛的手鞠形狀。把嫩莖萵苣、海苔和胡蘿蔔切雕成極細的細絲，表現出球的花紋。

❹ 鳴門

將海苔捲在裡面，黑色和白色產生對比，漂亮的切面表現出日本鳴門海峽的漩渦。

❺ 菊花

將烏賊肉斜斜地切成細條狀，一邊突顯它的線條輪廓，一邊繞圓做成菊花形狀。附上菊葉和菊花，呈現出更像菊花的感覺。

❻ 八橋

在貼著海苔的烏賊肉上以菜刀切入紋路，捲一圈之後切開，仿造成京都知名點心八橋的模樣。

❼ 竹子

為了突顯烏賊透明的肉質，在中間放入青紫蘇葉，然後捲起來。以片開成2片時留下的紋路表示竹節，展現出竹子清新的綠色。添上竹葉，使它看起來更像竹子。

❽ 片切法

將片切成5cm長方形的烏賊肉捲起來，添上鮭魚卵，呈現出紅白的對比。

❾ 蕨菜

以烏賊肉將青紫蘇葉捲起來，突顯切面的漩渦花紋，調整成蕨菜嫩芽的形狀，最後撒上青海苔粉。

P108有詳盡的解說。

點綴秋季的切雕技法〈煮物·火鍋〉

這裡要介紹的是在P84的〈秋季煮物〉、P86的〈秋季火鍋〉中所使用的切雕技法。

什錦燉菜

仔細切雕紅葉、樹葉、銀杏、蕈菇、菊花等秋季的主題圖案，製作成什錦燉菜
之後盛盤。使用形狀相同但顏色各異的素材讓色彩更加豐富，除了味道之外，
呈現的方式也很有深度，使料理變得更美了。

❶菊花蕪菁

利用小蕪菁的圓形曲線和顏
色，切入細細的切痕表現出
菊花的形狀。→P103

❷紅葉胡蘿蔔

利用胡蘿蔔鮮明的紅色，表
現出光線映照下的紅葉，是
具有代表性的切雕圖案。
→P138

❸銀杏馬鈴薯

利用馬鈴薯的外皮和顏色，
切雕出銀杏葉的形狀。→P101

❹蕈菇芋頭

利用里芋的外皮模樣，修整
成可愛的蕈菇形狀。成品令
人不禁覺得，好像是真實的
蕈菇。→P105

❺樹葉南瓜·
樹葉甘薯

將南瓜和甘薯修整成樹葉的
形狀，表現出染上秋色的雙
色樹葉。→P102、P104

花式關東煮

切雕技法居然也可以應用在使用蔬菜、海鮮、肉類、加工食品等，多種素材製作的關東煮上面。將素材全部做成一口大小，進行各式各樣的切雕，然後插在竹籤上燉煮。
藉由切雕，高湯比較容易滲入素材中，而且也能使外觀饒富趣味。

❶ 細紋蒟蒻

在蒟蒻上細細地切入紋路，使之容易入味，而且也容易入口。

❸ 六方里芋

里芋削成六方體可以防止煮到潰散變形，還可以使口感變好。 ➡P156

❷ 瓣形小蕪菁

將小蕪菁切成容易入口的大小。

❹ 削圓的胡蘿蔔

將胡蘿蔔削成圓滾滾的小球狀，可愛的形狀和鮮明的紅色成為視覺的焦點。 ➡P138

點綴秋季的切雕技法〈壽司〉

這裡要介紹的是在P88的〈秋季壽司〉中所使用的切雕技法。
將非常適合在觀賞紅葉等出遊的季節裡享用的5種棒壽司,組合成豪華的拼盤。京都在舉行四季的祭祀慶典期間,一般家庭也經常會製作鯖魚壽司。請嘗試奢侈地使用秋季時油脂變得肥美的鯖魚,和產季已到了尾聲的狼牙鱔等魚貨,製作出充滿鮮味的味道。

5種棒壽司

❶ 烤色白帶魚壽司

將白帶魚撒上鹽，以醋醃漬之後，在皮面上細細地切入切痕，然後迅速炙烤一下。使用炙烤的方式調理，可以襯托出切雕的紋路，外觀也會變得漂亮，且比較容易入口。添上梅肉讓味道變清爽。

❷ 狼牙鱔壽司

狼牙鱔保留魚皮，以骨切法細細地切入切痕，突顯它容易散開的獨特口感。請連同芳香的山椒芽一起享用。→P74

❸ 煙燻鮭魚壽司

將削切下來的鮭魚片重疊在一起，利用煙燻鮭魚的鮮明色彩，做出光澤亮眼的壽司。搭配菊花，映襯出美麗的顏色。

❹ 鯖魚壽司

將鯖魚的中骨連同血合肉一起切除，以醋醃漬之後，做成京都的經典壽司。搭配味道契合的生薑泥一起享用。→P107

❺ 甘鯛昆布漬壽司

甘鯛用片切法切片之後，以昆布醃漬而成。提到甘鯛就一定會想起炸得酥酥脆脆的魚鱗，放在上面為口感增添特殊的風味。→P111

牛蒡

牛蒡是具有質樸的風味、香氣和口感的根菜，因為細長的形狀而衍生出各式各樣的切法，連同其個性十足的滋味為料理賦予存在感。或炒或煮或炸，烹調的方法也很多變。纖維粗，調味料容易滲入，所以調味時要減少用量。此外，由於澀味很強，一定要記得用菜刀切開之後先泡在冷水或醋水中。

削切成細絲

1 縱向細細地切入數道切痕。

2 將菜刀斜躺，像削鉛筆一樣，一邊轉動牛蒡一邊削切成細絲。一開始先切入切痕，可以使削出來的牛蒡絲變得更細。切痕的間隔大小會影響牛蒡絲的粗細。

細長條

1 以桂剝法將外皮削切出3mm左右稍厚的薄片。這時，中心的口感和風味都變差了，所以不使用。

2 將以桂剝法削切下來的薄片重疊在一起，切成粗細一致的細長條狀。很有嚼勁，可以調理成突顯牛蒡口感的料理。

新鮮又美味的帶土牛蒡

雖然市面上也有販售清洗乾淨的牛蒡，但是最好還是使用新鮮且風味佳的帶土牛蒡。新鮮的牛蒡只需以棕刷刷洗就可以將泥土洗淨，如果還是帶有黑色的話，可利用刀背刮除。因為牛蒡含有澀液，容易變色，在削切成細絲等場合要準備裝滿水的容器，將牛蒡細絲削入水中。但泡水太久風味也會變差，請留意。

牛蒡的各式切雕技法

（上排左起）竹葉切片、削切成細絲、
（中排左起）針狀、細長條、（下排左起）管狀、
編結

管狀

切成5cm左右的長度，水煮之後，用鐵籤挖
通中心的部分。在中空處填入餡料，再進行
烹調。

牛蒡和胡蘿蔔是好搭檔

像金平牛蒡和海鮮蔬菜天婦羅等，將
牛蒡和胡蘿蔔組合在一起製作而成的
料理很多，牛蒡洋溢著質樸的田園風
味，和胡蘿蔔的甜味互相幫襯，可以
帶出更濃郁的鮮味。胡蘿蔔的切法有
很多種，且容易切成相同的粗細和形
狀，所以不僅是味道，連烹調方面也
可以說是搭配度極佳的素材。

編結

1 連同外皮直接切成長度約20cm的薄片。

2 保留根部不切斷,切成長松針的樣子。

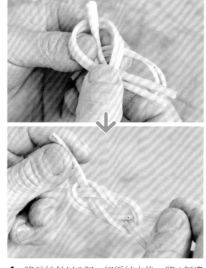

4 將長松針以2個一組編結之後,將4個邊
　角切齊。藉由編結手法可以編出不同的
　花紋,只要多費點心思製作,就能為燉
　煮料理和醋拌菜等增添視覺亮點。

3 水煮使其變軟。

一品料理

柳川鍋

將鰻魚和大量削切好的牛蒡細絲以蛋
液鎖住味道,特色是具有獨特的口感
和風味。牛蒡適合以油脂烹調,搭配
肥美的鰻魚再好不過。

馬鈴薯可以存放很久，所以一整年市面上都有販售。不過從秋季開始甜味會增加，變得更鬆軟美味。可充分利用外皮的顏色，切雕成銀杏等形狀。

馬鈴薯

銀杏馬鈴薯

1 把圓滾滾的馬鈴薯切成扇形。

2 在圓弧的部分切入V字形切痕，做成銀杏葉的形狀，用來與樹葉南瓜等一起製成拼盤。因為採用保留厚度的切法，可以品嚐到馬鈴薯鬆軟的口感。

馬鈴薯的事先確認

馬鈴薯的綠芽具有毒性，所以如果發芽的話最好丟棄，這點很重要。此外，馬鈴薯切開之後，切面很容易發黑，請迅速烹調。

南瓜

鬆軟黏稠、滋味甘甜的南瓜，帶有暖意的黃色和外皮的深綠令人感受到秋天的氣息。瓜肉厚實容易加工，除了樹葉之外，還可以應用於各式各樣的切雕技法。

樹葉南瓜

1 切成適當的大小。

2 去皮時保留少許綠色部分。

3 切除邊角，修整形狀。

4 由頂端朝向末端，描畫出像樹葉輪廓一樣的曲線。

5 切入數道切痕。以菜刀從要成為葉尖的部分往下一道切痕的深處切入，切出圓弧的線條，刻出葉尖的鋸齒形狀。

6 修整成樹葉的形狀。製作成拼盤，展演秋季風情。

比蕪菁更軟嫩，新鮮多汁的小蕪菁，除了生
食之外，還可以用來製作醋拌菜、燉煮料理
和蒸煮料理等。因為表面白而平滑，多半利
用其小而圓的形狀進行切雕。特別是菊花蕪
菁，它是小蕪菁具代表性的切雕形式。

小蕪菁

菊花蕪菁

1 切除頂部，再削成六方體。

2 削除六方體的邊角，使它變成圓形。

以節省的心意活用蕪菁

將削下來的外皮稍微撒點鹽，洗淨之
後瀝乾水分，就能做成美味的炒煮料
理享用。此外，由於小蕪菁葉的澀味
少，可直接用來製作醃蕪菁、炒煮料
理和菜飯等。

3 從頂端的部分開始，在上面、側面、下
面切入切痕，修整成菊花的形狀。用於
製作拼盤或蒸煮料理。

甘薯

甘薯是秋季的代表食材之一，煮熟之後會變得黏稠軟綿，甜味也會變濃。因為生甘薯的質地堅硬緊實，適合製作成形形色色的切雕。紫紅色的外皮和黃色的瓜肉，以兩者對比的美感展現出秋天的顏色。

樹葉甘薯

1
縱切一半之後，就像南瓜一樣利用曲線修整出樹葉的輪廓。

2
切入切痕，將輪廓切刻成樹葉的樣子，然後修整形狀。

栗子刺果甘薯

1
切成厚3cm的圓片，再切成半月形。

2
一邊將左右修圓，一邊把形狀調整成栗子的樣子。

3
削除外皮，將邊角修圓。

4
將③煮得甜甜的，沾裹素麵仿製成栗子刺果的樣子，然後油炸。

海老芋・里芋

海老芋和尺寸稍小、圓滾滾的里芋是京都具代表性的蔬菜，利用天然的曲線切雕成鶴和蕈菇等形狀，愉快地享受黏稠軟綿的口感吧！兩者在進行預先處理的時候，請注意不要將富含營養成分的黏液完全清洗乾淨。

鶴形海老芋

1
切除頂部，依照其形狀削成五角形。

2
在切面的部分以尖角朝上的狀態劃入V字形的刀痕。

3
從左右兩邊的面斜斜切入，直到方才劃入V字形的部分為止，加以切除，使輪廓浮現出來。

4
完成鶴的形狀。

蕈菇芋頭

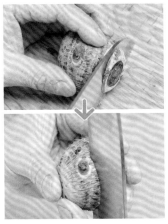

1
切除里芋的蒂頭部分，從頂部1/3的地方像畫個圓圈一樣，切入切痕。

2
從方才切除蒂頭的地方到①切入切痕的地方，削成六方體。

3
利用外皮的顏色和花紋，仿製成可愛的蕈菇。

白帶魚

令人想起長刀，有著扁平細長的身軀和銀色光澤的白帶魚，在切雕時必須突顯出皮面的美感。新鮮度佳的白帶魚，即使做成生魚片也沒問題。

三股編白帶魚

1 將菜刀從背鰭的兩側切入，以拉開背鰭的方式切下背鰭。

3 將②的3條魚肉編成三股編，最後以竹籤固定住。適當地烘烤，烤出漂亮的烤色。

2 用3片切法剖開之後，保留單片魚身的上部不切，下方縱向切入2道細長的切痕，將魚身分切成3條魚肉。

處理白帶魚時的注意事項

白帶魚是身體很長的魚，有的身長達到1.5m，因此牠的身體很容易彎折，彎折處極易腐壞。除了要挑選魚身筆直伸長、新鮮度佳的白帶魚，在烹調的過程中也要盡可能讓魚身呈筆直的狀態進行作業。

秋季時的鯖魚十分肥美，鮮味也變得更濃郁。切入切痕是為了防止魚身潰散變形，而且也有容易入口、藉油脂之助得以沾上醬油的功能。能襯托出青魚特有的光亮魚皮顏色的切法，效果很好。

鯖魚

醋漬鯖魚

1
以3片切法剖開之後，將魚肉的兩面抹滿粗鹽，放置半天左右。

2
洗去鹽分，浸泡在醋裡面醃漬。

多層生鯖魚片
切入漂亮的花紋之後，切面也變多了，能輕易地沾上壽司醋等醬汁。

一品
料理

握壽司
切入切痕有助於沾醬油，可以在鯖魚片入味之後享用。

握壽司

1
細細地切入切痕，不要將魚肉切斷，然後切成約2cm的寬度。

2
推擠魚肉，將皮面錯開位置，調整形狀做成握壽司。

多層生魚片

不將魚肉切斷，細細地切入間隔2mm的切痕，切入2次成3片為一組，切斷魚肉。

鯖魚小常識
就像一般所認為的那樣，鯖魚經常看似新鮮其實已經腐敗，因為新鮮度容易下降，用醋來醃漬可以有效地保鮮。此外，這麼做還可以降油膩，轉換成清爽高雅的風味。

烏賊（劍先烏賊・紋甲烏賊）

善加利用劍先烏賊和紋甲烏賊這兩種烏賊的特徵，分別進行切雕。由於切雕技法的種類很豐富，除了配色上能以具有光澤的漂亮白色點綴秋季料理之外，也能增添高尚品味和華麗感。

前 置 作 業

劍先烏賊

1 將腳和內臟一起拔除。

2 在軟骨下方切入切痕剖開。

3 將手指插入肉鰭和上身之間，一口氣把外皮剝離主體和肉鰭。

紋甲烏賊

1 反向握刀，劃入切痕。

2 取出硬殼。

3 從尾部拔除腳和內臟。

4 以菜刀切入身軀和外皮之間，剝除外皮。

5 慢慢地剝除第2層皮。

紋甲烏賊 花

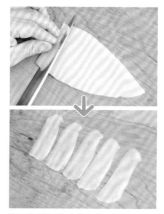

1 修整切塊之後，切成薄片。

2 製作花心，接著翻摺烏賊薄片，捲成花瓣的樣子。

3 調整花朵的形狀。表現出剛剛綻放的純白花朵的風情。

1　修整切塊後，切成正方形。

2　片開成2片，不要切斷。

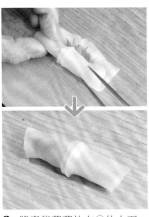

3　將青紫蘇葉放在②的上面，捲起來。在②中沒有切斷的中央位置突出成節，用來代表竹節。青紫蘇葉的綠意從中透出，營造綠竹風情。

紋甲烏賊　手鞠

1　以片切法切成薄片，再切成細條狀。

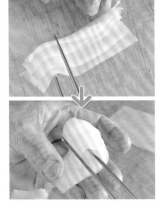

2　將①重疊在一起，捲成一團。

3　調整成球狀。做成圓滾滾的模樣，表現出手鞠的可愛。

紋甲烏賊　八橋

1　將海苔疊放在已經修整切塊的烏賊上。

2　在表面切入切痕。

3　將②摺彎，使它變成圓筒狀，調整形狀之後切成八橋的形狀。烏賊的白和海苔的黑呈現出鮮明的顏色對比。

劍先烏賊　鳴門

1　在已經修整切塊的烏賊上細細地切入切痕，將海苔疊放在內側之後捲起來。

2　切成小圓片，呈現切面的花紋。漂亮的漩渦表現出躍動感。

109

劍先烏賊 片切法

1 在皮面上斜斜地切入間隔2mm
的切痕。

2 將①翻面後一邊捲起來，一
邊以片切法切成2cm的切片。
口感提升了，也增添華麗高
雅的感覺。

劍先烏賊 松果

1 將菜刀放平，斜斜地切入間
隔2mm的切痕。

2 更換角度切入切痕，形成格
子狀。

3 稍微炙烤表面，將格紋立起
來的烏賊肉分切成長3cm的切
片。以焦香的烤色表現松果
井然有序的花紋。

劍先烏賊 菊花

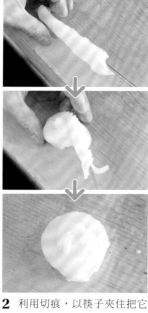

1 修整切塊，切成寬3cm的細窄
長方形，再斜斜地切出細細的
切痕。

2 利用切痕，以筷子夾住把它
摺彎，從末端開始捲起來，
然後調整成菊花的形狀。添
加菊葉，展現出猶如真菊花
的美感。

劍先烏賊 蕨菜

1 在修整成10cm×3cm大小的烏
賊片上細細地切入切痕。

2 將青紫蘇葉疊在上面捲起來。

3 保留前端，先縱向切入一道
切痕，再以1.5cm的寬度整個
切斷。

4 將切開的烏賊肉錯開位置，
撒上青海苔粉。表現出蕨菜
濕潤鮮嫩的風情。

甘鯛是冬季京都料理必備的食材之一。撒上鹽之後，就能施展各式不同的切雕技法，從烤物到蒸煮料理，用途廣泛，可做出多種料理。外表是漂亮華麗的淺紅色，味道細膩高雅。不刮除魚鱗，撒鹽後直接烘烤而成的「若狹燒」是知名的一道菜。

甘鯛

前 置 作 業
若狹開法

1 洗淨黏液，保留魚鱗，從背部剖開。

2 切除頭部，取出內臟，洗淨。

3 整體撒上鹽，內側的骨頭和血合肉部分稍微多撒一點，靜置一個晚上。

昆布漬

1 以3片切法剖開之後，用梳引法連同魚鱗切除魚皮。

2 以片切法切成長5cm左右的魚片，放在昆布上，做成昆布漬。

觀音開法

修整切成5cm寬的魚塊，調整厚度，從中心往兩側攤開。

一品料理

甘鯛信州蒸
以觀音開法片開的魚肉將煮熟的蕎麥麵捲起來，蒸熟後淋上高湯。肉質鬆軟柔嫩的甘鯛入口即化，魚肉的鮮味釋出於高湯中，請用高湯拌著蕎麥麵品嚐。

活用蔬菜特性的切雕技法

切雕技法注重的不單是切工而已，還要詳細了解各種素材的特性，
充分利用素材的形狀和性質，製作出更漂亮的切雕作品吧！

將表皮厚厚地削除

蕪菁、獨活、里芋等具有堅硬表皮的素材，要
將表皮厚厚地削除。切成圓片的時候，內側會
出現一圈紋路，把表皮削切至這圈紋路的內側
為止，口感會變得比較好。

利用纖維的力量

將削切下來的蔬菜泡在冷水中，纖維的力量或
可瞬間撐開切痕，抑或緊縮起來呈現出漂亮的
捲曲等，產生豐富的表情。

泡在冷水中·浸漬於鹽水

將切好的素材泡在冷水中可以去除澀味，比較
容易展現出素材原有的鮮明色彩，口感也會變
得很清脆。此外，浸漬於鹽水的話，滲透壓可
使素材變軟，可運用在想有柔軟口感等時候。

邊角菜屑也毫不浪費地使用

進行切雕的時候會產生很多蔬菜的邊角菜屑，請不要丟掉那些菜屑，毫不
浪費地使用它們吧！在做出形狀之前先削皮，是為了可以直接使用邊角菜
屑製作料理，相當便利。做成金平料理炒一炒，或是細細切碎後加入味噌
湯裡，都非常美味。

冬季切雕技法

冬季食材

根菜長得圓胖飽滿的冬季，蘿蔔和胡蘿蔔因為易於加工、
紅白的顏色也很漂亮，可說是切雕的主角。
在這個甜味大增的時期，
更希望運用切雕賦予食材多樣化的用途。
藉由各種不同的切法，製作出外觀和味道都豐富多變的鮪魚
以及薄切技術高超的河豚生魚片等，
請以切雕技法為冬季佳餚增添華麗的色彩吧！

〈蔬菜〉白菜、圓形蘿蔔、蕪菁、白蔥、青蔥、胡蘿蔔、蓮藕、青味蘿蔔、慈菇、百合根、
〈海鮮〉鰤魚、鱈魚、比目魚、剝皮魚、螃蟹、鯉魚、鮪魚、河豚、沙丁魚、海參等冬季食材。

☾ 冬季八寸

將各種魚卵以千枚蕪菁做成茶巾絞，
或是填滿酒枡蕪菁。
不論是味道還是外形，都營造出歡樂的氣氛。

【各種魚卵搭配蕪菁的前菜】
魚子醬沙拉、鱈魚子沙拉、鮭魚子飯、烏魚子飯、
蛋黃味噌漬、冬青葉小黃瓜

P126有詳盡的解說。

【松竹梅拼盤】

洗鯉裹炸魚鱗、嫩莖萵苣比目魚卷、
梅花鮪魚

P127有詳盡的解說。

冬季生魚片拼盤

將鯉魚、比目魚和鮪魚等,冬季當令魚類的生魚片調整成各種形狀,
以吉祥喜氣的松竹梅造型擺盤。

【迷你御節料理】

紅白魚板（帆立貝、蝦子）、鱈魚子蛋卷、鰻魚柚庵燒、鰤魚味噌柚庵燒、鶴形馬鈴薯、鮭魚絹田卷、松果姬慈菇、芝麻拌牛蒡、鯡魚子、醬煮小魚乾、雞肉松風燒、醋漬蓮藕、竹子嫩莖萵苣、梅花胡蘿蔔、龍皮卷、黑豆、核桃甘露煮

P128有詳盡的解說。

冬季煮物

把酒枡當做重箱使用，再將運用切雕技法精心製作的
迷你御節料理緊密地填在裡面。
這是京都名店水簾的特色料理。

冬季火鍋

將以桂剝法製作而成的細條狀蘿蔔當做烏龍麵，
與非常對味的薄切生鰤魚片一起組合成涮涮鍋品嚐。

【鰤魚涮涮鍋和蘿蔔烏龍麵火鍋】
圓形蘿蔔烏龍麵、針蔥、薄切生鰤魚片、3種螺旋配菜
P130有詳盡的解說。

冬季壽司

以嫩脆多汁的大量蟹肉填滿柚子釜，
製作成溫熱的蒸壽司。
用切成小碎塊的嫩莖萵苣和
水前寺海苔作為點綴。

【蟹肉柚子釜蒸壽司】

蟹肉蒸壽司、嫩莖萵苣小碎塊、水前寺海苔小碎塊

P131有詳盡的解說。

點綴冬季的切雕技法〈八寸・生魚片拼盤〉

這裡要介紹的是在P116的〈冬季八寸〉、P118的〈冬季生魚片拼盤〉中所使用的切雕技法。

各種魚卵搭配蕪菁的前菜

把因盛產季到來而甜度增加的蕪菁，製作成千枚蕪菁和酒枡蕪菁，連同鮮味豐富的各種魚卵一起品嚐，享受清爽的風味。變軟的中心仍保有些許硬脆感的千枚蕪菁、可以享受到清脆口感的酒枡蕪菁等，單靠切法就能使素材的味道更豐富多變。

❶千枚蕪菁茶巾絞

以切成千枚薄片後用甜醋醃漬的蕪菁，將魚子醬沙拉、鱈魚子沙拉等5種魚卵料理包裹起來。→P144

❷酒枡蕪菁

在削切成酒枡形狀的蕪菁中，填滿與千枚蕪菁相同的5種魚卵料理。

❸冬青葉小黃瓜

把小黃瓜切雕成冬青葉的形狀，散放在各處，展演冬季風情。→P62

松竹梅拼盤

嘗試以3種冬季盛產的魚進行切雕，調整成適合在新年宴席中出現的松竹梅造型。將薄切的生鯉魚片先過溫水再泡冰水，使肉質變得緊實，魚鱗也毫不浪費地一起使用。採用松葉、竹葉和梅枝等作為陪襯，表現栩栩如生的感覺。

❶嫩莖萵苣比目魚卷

比目魚切成可以突顯其細膩風味的薄切生魚片，將嫩莖萵苣捲起來後斜切成段。利用銳利的切面仿造竹子，令人聯想到新年時放在大門口的門松擺飾。→P147

❷洗鯉裹炸魚鱗

鯉魚製作成洗鯉之後貼上清炸的魚鱗，仿造成松果的模樣。魚鱗脆脆的口感帶來了特殊的風味。→P146

❸梅花鮪魚

將剁碎的鮪魚捏握成球狀，排列成花瓣的形狀，呈現出梅花可愛的模樣。將白色的芋泥當做花心，與鮪魚的紅色一起增添華麗感。

點綴冬季的切雕技法〈煮物〉

這裡要介紹的是在P120的〈冬季煮物〉中所使用的切雕技法。
可愛的迷你御節料理中，緊密地填滿了多彩多姿的切雕技巧精華。
製作的尺寸越小，需要越高超的切雕技術。請反覆練習，用心投入
這項細膩的工作吧！

迷你御節料理

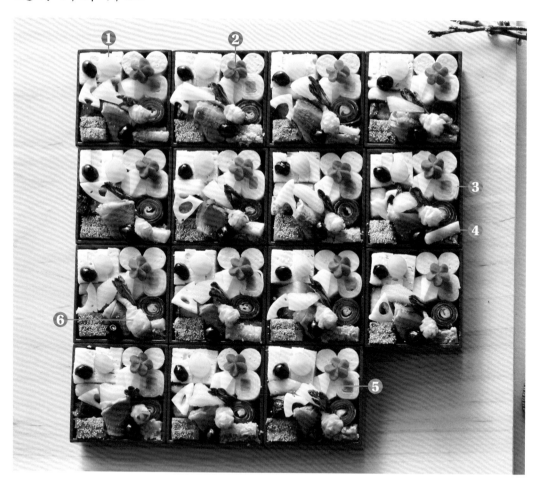

❶竹子嫩莖萵苣

將嫩莖萵苣削皮，斜斜地切開，既可以突顯出脆脆的口感，也可以當做竹子。

❷梅花胡蘿蔔

使用胡蘿蔔細瘦的部分，削切成梅花的形狀，以扭轉削切的手法表現具有立體感的花瓣。→P138

❸鮭魚絹田卷

以桂剝法將蕪菁削切成約3㎜稍厚的薄片，撒鹽後以甜醋醃漬，再將切成方塊的鮭魚捲起來。紅白的對比十分美麗。→P157

❹芝麻拌牛蒡

敲打牛蒡可以拍鬆纖維，做出易入口的清脆口感。

❺鶴形馬鈴薯

鶴形芋頭是以海老芋製作，但此種技法也可以應用在馬鈴薯上。通常是削除周邊成五角形之後，再切成鶴的形狀，但是為了能輕易塞入小小的容器中，這裡是削切成六角形。→參照P105「海老芋」

❻松果姬慈菇

小慈菇做成松果的切雕，容易煮熟，也很入味。→P142

點綴冬季的切雕技法〈火鍋・壽司〉

這裡要介紹的是在P122的〈冬季火鍋〉、P124的〈冬季壽司〉中所使用的切雕技法。

鰤魚涮涮鍋和蘿蔔烏龍麵火鍋

將也可以做成生魚片享用的新鮮鰤魚，切成薄片後放入鍋中迅速涮一下來品嚐。鍋中所見的強大漩渦，是將與鰤魚很對味的圓形蘿蔔以桂剝法削切而成的，削切成均等的粗細，就能產生滑順的口感。這可說是善用桂剝法將食材切得又薄又長的技術所製作出的一道料理。

❶圓形蘿蔔烏龍麵

以桂剝法削切圓形蘿蔔，仿造成烏龍麵。➡P157

❷針蔥

將白蔥和青蔥切成針狀，與胡蘿蔔細絲混合在一起。➡P166

❸薄切生鰤魚片

炙烤油脂肥厚的鰤魚的皮面，增添香氣，製作成薄切生鰤魚片。

❹3種螺旋配菜

將胡蘿蔔、小黃瓜、蘿蔔絲分別纏繞筷子捲成螺旋狀，放在上面作為裝飾。

蟹肉柚子釜蒸壽司

在黃色柚子釜和淺紅色蟹肉的美麗色彩中，漂亮地點綴著嫩莖萵苣的
淺綠色和水前寺海苔的黑色。切成小碎塊可以保留嫩莖萵苣和海苔各
別的口感。

❶嫩莖萵苣小碎塊
❷水前寺海苔小碎塊

將嫩莖萵苣和水前寺海苔切成細小的立方體。儘管體
積小，還是要切出輪廓分明的漂亮稜角，這點很重
要。小碎塊指的是切出來的尺寸大小在5mm以下的小
方塊。

蘿蔔 （圓形蘿蔔・間拔 蘿蔔・櫻桃蘿蔔）

在秋冬時期新鮮水嫩、甜度增加的蘿蔔，有各種不同的形狀，切成圓片或細絲等切法也會使味道有所不同，所以可以製作出豐富多變的料理。因為容易進行精緻的切雕，可以視用途製作出各式各樣的作品，是應用範圍非常廣的素材。

蘿蔔 櫻花

1
削除周邊成五角形。

2
在5個邊的中心切入切痕。

3
將切痕與切痕之間削圓，調整成花的形狀。

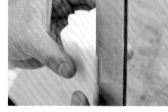

4
在花瓣的頂端以菜刀切入V字形切痕。

5
依照用途，切出適合的厚度。

間拔蘿蔔 掃帚

1
盡量薄薄地削除外皮。

2
保留頂端和葉子的部分，就這樣縱切成薄片，轉90°後，繼續薄薄地切開來。

蘿蔔	網狀蘿蔔

1
切掉周圍部分，
修整成四角形。

2
以1cm的間隔切
入切痕，直到接
近厚度的正中
央。

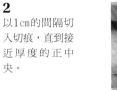

3
將②轉90°，錯
開5mm，以同樣
方式切入切痕。

4
將③以桂剝法削
成薄片，然後泡
在鹽水中使薄片
變軟。

5
展開來呈現出網
子的形狀。

間拔蘿蔔 蛇腹

1
將刀刃以45度角切入間拔蘿蔔，仔細地切入切痕直到中心。

2
翻面，另一側也以同樣的方式切入切痕。

3
泡在鹽水中讓蘿蔔變軟。

櫻桃蘿蔔 燈籠

1
在櫻桃蘿蔔的側面劃入紋路，切成V字形。

2
繞著蘿蔔切出一圈①的切痕，仿造燈籠的模樣。

櫻桃蘿蔔 漩渦

保持3mm左右、稍微厚一點的厚度，以桂剝法削切出薄片，然後泡在水中，讓它展開成漩渦的形狀。

櫻桃蘿蔔 水珠花紋

在紅色的表面削切出一些小小的圓形，露出白色的質地來表現水珠的花紋。

風呂吹蘿蔔
將蘿蔔切成厚3cm左右的圓片，把邊角修圓，在切面切入切痕之後煮熟，再淋上田樂味噌。這是要趁熱享用的冬季風物詩。

一品料理

134

以冬季為盛產期的蔥，天氣越冷就越甜越好吃。白蔥柔軟，甜度也高，所以適合製作成壽喜燒和火鍋等加熱烹調的料理。另外，以京都的九條蔥為代表的青蔥，蔥葉的綠色深濃，口感也很柔軟，適合作為香辛蔬菜等直接生食。口感和味道會隨著切法而有所不同，請試著應用在各種不同的料理中吧！

蔥

蔥花

如同一般人所認為的「可以把蔥切得很細，廚師的手藝就合格了」那樣，把蔥切成蔥花是基本的技術。細細地切成小圓片，然後當成香辛蔬菜使用。

圓筒蔥

白蔥不要切斷，切入數道切痕。迅速加熱一下，圓筒的中心就不容易冒出來。

針蔥（白）

利用白蔥的內部纖維重疊成筒狀的特性，先切入切痕直到一半的位置，把蔥剖開，然後順著纖維的方向切成細絲。

針蔥（綠）

將呈筒狀的蔥切開單邊，再將好幾片重疊在一起，順著纖維的方向切成細絲。

一品料理

蔥鮪火鍋

把切成方塊狀的鮪魚和圓筒蔥一起烹煮，再放入切成針狀的蔥。是將對味的素材組合在一起的一道料理。

蓮藕

冬季時會產生黏性，而且甜度也會增加的蓮藕，因為切成圓片時切面布滿圓孔，可以清楚地看見另一邊，據說是「可以預見未來」的吉祥食物，因而成為御節料理中不可缺少的素材。燉煮料理、金平料理、熱炒料理、天婦羅、醋拌菜等，應用範圍很廣，此外，還可以利用它的形狀切雕成獨特的花樣。

蛇籠②

切成厚度5cm左右的圓片後削皮，然後從切面處開始，順著形狀削切成薄片。這是能突顯出獨特形狀的切法，每一片的外型都獨一無二，是料理中亮眼的裝飾。

花形蓮藕

1 在孔洞之間切入切痕。

2 將切痕之間削圓。

3 另一側也以相同的方式進行切雕。利用自然的形狀仿造可愛的花朵。

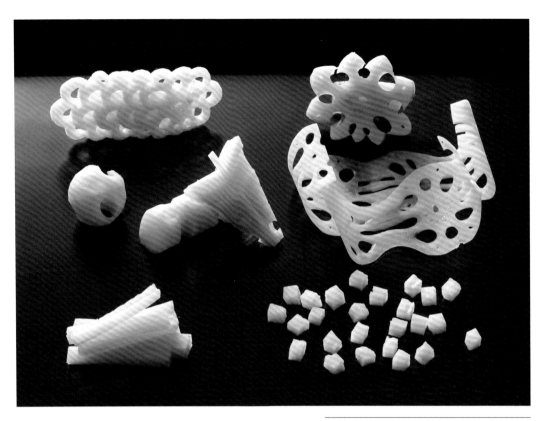

箭尾羽毛

蓮藕的各式切雕技法

（上排左起）花形蓮藕、雪花形、
（中排左起）手鞠、蛇籠①、箭尾羽毛、蛇籠②、
（下排左起）細長條、小碎塊

1 將蓮藕削皮之後，以1cm左右的寬度用斜斜的角度切成圓片。

2 在正中央切入切痕後，倒向兩邊，露出切面，組合在一起，仿造成箭尾羽毛。

一品料理

金平蓮藕

將切成細長條的蓮藕做成口感佳的金平料理。

胡蘿蔔

冬季時甜度大增且變得很美味的胡蘿蔔,有橙色的西洋胡蘿蔔和鮮紅色的金時胡蘿蔔。可以用來製作生食、燉煮料理、熱炒料理和拌菜等各式菜餚,應用範圍廣泛,以漂亮的顏色為料理增添色彩。容易進行精細的加工,切雕的種類也很多,請挑戰各種不同的切法!

紅葉

1
取5cm左右的厚度,削除周邊,削成2邊稍長的七角形。

2
在每個邊的中央切入切痕,再分別從相鄰的角削出圓弧至切痕,削除不需要的部分。

3
其他的邊同樣以畫弧線的方式削出紅葉的形狀。

4
將 ③ 切成7～8mm厚的橫切片,以雕刻刀從切面的中心朝著尖角刻出葉脈的紋路。

蝴蝶

1
將胡蘿蔔切成銀杏形的塊狀。

2
從尖端和圓弧扇面2個地方交互切入切痕,中途不要弄斷。

3
在切出第2片薄片時切斷。

4
附上觸角的部分編入中間,攤開翅膀,泡在水中讓翅膀張開。

胡蘿蔔的各式切雕技法

（上排左起）梅花、蝴蝶、
（下排左起）摺扇、3種編結

摺扇

1
切成長5cm、厚
3mm的長方形。

2
保留一端不切
斷，從另一端細
細地切入切痕。

3
從保留未切的那
端削薄成2片，
不要完全切斷。

4
將③扭轉重疊，
整理成摺扇的形
狀。

梅花

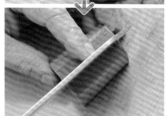

1
削除周邊成五角形，在每一邊的中央切入切痕。

2
切痕與切痕之間修整出花瓣的弧度。

3
翻面，將另一面也修整漂亮。

4
從花瓣之間的凹槽朝中心的方向切入切痕。

5
一邊扭轉一邊斜斜地削除花瓣的部分，直到切痕處。

6
切開成適當的厚度。

削成球形

1
將粗細適中的部分切成3cm厚的塊狀，從切面朝著另一側將整體修圓。

2
一邊去除邊角，一邊修整成球狀。

3
將②放入研磨缽中，按住胡蘿蔔轉動，將稜角磨圓。

百合根

百合根微帶甜味，加熱之後口感會變得鬆軟。利用切雕技法，能將小顆的球根整個雕刻成一朵花，而大顆的球根則可將鱗片一片片地剝下來，當成花瓣。這些具有漂亮白色和天然構造的切雕作品，為料理增添了華麗感。

蛤蜊百合根

1 將鱗片一片片剝下來。

2 削切側面，修整成蛤蜊的形狀。

3 以燒烤用鐵籤烙印出紋路。

花朵百合根

1 不剝下鱗片，以菜刀的刀刃從側面切入。

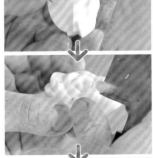

2 從外側的鱗片往中心一點一點地錯開位置切除尖端，修整成花朵的形狀。

花瓣百合根

1 使用中心部分的鱗片，利用天然的曲線修整成花瓣的形狀。

2 在花瓣的尖端切入V形切痕。

慈菇

慈菇因為冒芽的氣勢旺盛,被當做吉祥的食材運用於新年料理之中。它的質地細緻、澀味少且帶有甜味。口感也很好,有點類似栗子。在御節料理中,經常被切雕成松果或鈴鐺等吉祥小物。

鈴鐺

1
從旁邊切入2道切痕。

2
保留切痕和切痕間的帶狀部分,其餘部分削除較厚的一層外皮。

3
薄薄地削除帶狀部分的外皮。

4
使用筒狀壓模穿洞。

5
切斷洞下方的底部。這時要小心別讓底部裂開。

陀螺

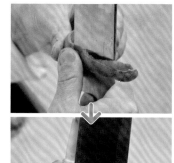

順著慈菇的形狀削起約2mm厚的外皮,避免切斷,而且不要整個削完,要保留中心的部分。將削下來的部分一圈圈地捲起來,調整成陀螺的形狀。

慈菇煎餅

削除周邊成六方體,然後切成薄片。稍微讓水分蒸發後油炸,享受脆脆的口感。

松果

慈菇的
各式切雕技法

（上排左起）陀螺、鈴鐺、松果、
（下排左起）小六方體、煎餅

1
從底部開始削切
成六方體。

2
利用它的弧度，
保留新芽、削除
外皮。

3
以菜刀從莖的旁
邊切入，切出V
字形凹槽。

4
由上而下雕刻出
花紋，靠近莖的
凹槽較淺，越往
底部凹槽越大。

5
直到底部都要刻
出花紋，修整成
松果的形狀。

蕪菁

冬季時蕪菁的甜度增加,是除了生食之外,還可以做成燉煮料理和醋拌菜等多樣料理的食材。生食可以享受到清脆的口感,做成燉煮料理則能品嚐像要融化在口中般的軟綿感。因質地柔軟、容易處理,有著各種不同的切雕變化。

菊花蕪菁

1
切成厚度約3cm的圓片。

2
細細地切入切痕直到厚度的2/3處,不要切斷。

3
旋轉90°,以相同的方式切入切痕,切成格子狀。

4
翻面,切成邊長2cm的方塊,放在鹽水中醃漬。

5
將④放在甜醋中醃漬,切痕會散開,變成菊花的模樣。

千枚

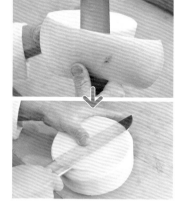

1
順著弧度削除外皮,去除粗硬的纖維。

2
一邊以左手的拇指確認實際的厚度,一邊削下1mm左右極薄的薄片。

扇面

1
切成扇形。

2
以中心的尖角為軸心,在上面切入切痕。

3
從切痕開始扭轉削切至下一道切痕,削成波浪的形狀。邊角修圓之後,修整成扇形。

鮪魚有很多不同的種類，有寒冷季節裡油脂肥美、鮮味增加的黑鮪魚，整體味道清淡爽口的黃鰭鮪，還有特徵與黑鮪魚非常相似的大目鮪等。黏稠多脂的大腹肉、摻雜著脂肪直到赤身部分的中腹肉、顏色鮮豔的赤身等，不同的部位有著不同的滋味。

鮪魚

鮪魚的
各式切雕技法

（上排左起）磯邊海苔卷、方塊、
（中排左起）細條狀、方格、
（下排左起）平切法、片切法

平切法

從菜刀的刀跟使用到刀尖，以畫圓的方式切出1cm左右的厚度。為了使口感更好，要切出稜角分明的魚片。

片切法

維持5mm左右恰到好處的厚度，以拉切的方式切出魚片。

方塊

切成邊長約2cm的方塊，享受魚肉彈性十足的口感。

鯉魚

鯉魚在冬季時為了過冬會蓄積脂肪，寒冷也會使肉質變得緊實。因為鮮度容易急速地下降，一定要使用活締法保鮮。剖魚時如果弄破膽囊魚肉會變苦，請務必小心處理。

前置作業

1 敲擊頭部，把魚敲昏。

2 以菜刀切入尾部那端，切開魚身。

3 切除頭部，取出內臟，不要弄破膽囊。

4 切除魚骨。

5 用筷子壓住，切除腹骨。

6 將魚身切分成2片。

乾炸

1 從尾部那端以菜刀緊貼著砧板，將魚鱗以梳引法切除。這時要保留薄皮。

2 以骨切法切出間隔3mm左右的切痕，再切成適當的大小，撒上麵粉之後油炸。

洗鯉

1 連同魚鱗拉除魚皮。

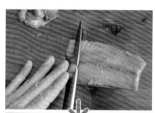

2 從魚頭那端開始，以切斷魚骨的方式，使用片切法切成約5mm厚的魚片，然後先以溫水清洗再泡入冰水中，使肉質變得緊實。

糖醋鯉魚

將鯉魚以骨切法處理好，炸得乾乾脆脆的，再淋上糖醋醬所做成的一道料理。

一品料理

肉質有彈性、富嚼勁，味道高雅的白肉魚。冬季嚴寒時期油脂肥美、肉質緊實，鮮味也會提高。使用時可配合用途，以各種不同的切法來處理。

比目魚

前置作業

1 以梳引法切除魚鱗，再以5片切法剖開魚身。

2 切除鰭邊肉，再拉除魚皮。

薄切生比目魚片 一品料理

薄切法

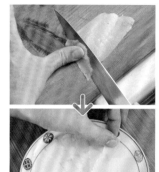

為了避免魚片破裂，切薄片時要用拇指按著魚肉。

將帶有透明感的魚肉沿著盤子排成圓形，再將口感不同的鰭邊肉高高地堆在中間。與清爽的酸橘醋非常對味。

鰤魚是隨著成長的過程變換名稱的「出世魚」，12月〜1月是盛產期。一路北上游至北海道，然後在秋季時游經日本海側南下，在那裡捕獲的鰤魚稱為「寒鰤」，油脂肥美、魚身肉質緊實，非常美味。

鰤魚

前置作業

1 以梳引法切除魚鱗。

2 剖開成3片。

平切法

以1cm的厚度切成平切生鰤魚片。要切得端正，能夠立起來。

方塊

切成邊長1cm的方塊。要切得稜角分明。

鹿之子格紋生鰤魚片

切出鹿之子格紋可以防止因鰤魚肉表面含油脂而沾不上醬油，讓生魚片更入味。

一品料理

147

河豚

在11月～2月迎接盛產期的河豚，是冬季魚種的代表。魚身充滿鮮味和彈性，直接生食可感受富嚼勁的口感，煮成火鍋則能品嚐到鬆軟豐富的味道。請以各式各樣的切法變化多端地呈現出「冬季佳餚之王」的美味。

前 置 作 業

1 切除魚鰭，切下魚嘴。

2 剖開腹部，取出內臟。

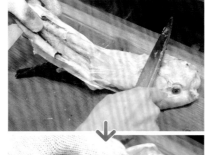

3 剝除魚皮，切下魚身。分開魚雜和魚身。

4 切除鷔骨。

安全地分切河豚

河豚含有毒性強烈的河豚毒素，依河豚的種類不同，有毒的部位也不一樣。具備相關知識和安全剖開河豚的技術才能成為「河豚烹調師」。在日本，基於河豚條例，只有參加日本都道府縣首長舉辦的「河豚烹調師考試」、取得合格證照的「河豚烹調師」，才可以從事剖殺河豚的工作。

鮫皮

1 將河豚的鮫皮緊貼著砧板，以菜刀不停地上下移動，只留下皮，切除細小的刺。

2 將切除小刺的魚皮以湯霜法處理之後，即可享受清脆的口感。

河豚生魚片

1 仔細地薄薄切除上下的身皮（包住魚肉的筋膜）。因為河豚有好幾層皮，所以謹慎地切除很重要。

2 以菜刀斜斜地切入，切成厚1.5mm左右的薄片。從菜刀的刀尖開始切入，以拉切法一口氣切下魚片。

3 使用左手和菜刀，將生魚片貼在盤中，沿著盤子排列。

河豚生魚片

將透明的魚片毫無空隙地排列在盤中，就像花朵綻放一樣華麗。

切雕技法的心得

一、素材

不只是切雕，料理的基礎就在於素材。選用新鮮且品質優良的材料是必備條件，因此培養挑選的眼光、具備鑑別的能力很重要。每天在處理素材的過程中，觀察每種素材的特徵、看到哪個部位就知道是優良素材等知識，都要牢牢地記起來。

二、技術

好不容易挑選了優良的素材，如果沒有正確的處理技術也沒有意義。以切雕技法來說，首先，反覆練習很重要。沒錯，所謂「熟能生巧」便是技術進步的祕訣。一定會有某個瞬間，菜刀的刀尖就像與自己的指尖合為一體那樣。如同以自己的指尖直接切、直接削一樣，請以達到那樣的境界為目標。

三、程序

製作料理時絕不能少了程序。從準備和檢查器具開始，先撒上鹽、先用熱水汆燙等，請確實地做好這些前置作業。一定會有利用空檔也能完成的作業，所以請有效率地將工作進行下去吧！只有在器具和前置作業等全部準備都齊全的情況下，才能做出更棒的切雕。

四、器具

確實地維護、保養器具是製作料理之人的基本工作，但並不是手中握有好器具，切雕的技術就會變得高明。「空有好器具，沒有好本事的話，也無法運用自如」這句話說得不假，要像公認一流的師傅那樣，兩者兼備。請每天專心研究，磨練技巧，提升自己的技術。

五、節省的心思

珍惜精選的素材，小心地處理，外皮和菜根等也不要輕易丟棄，請思考它們能否用來製作料理，不要發生浪費的情形。尤其是切雕，在切、削的作業過程中很容易產生邊角碎料，請花費心思將菜屑活用在料理中。

六、美感意識

單憑好的素材、優秀的技術，也不能做出真正美味的料理。最後必須具備的條件是感性。尺寸大小、形狀、色彩、口感、香氣、擺盤、容器搭配等，對這些要素來說，重點在於協調感。製作料理時，徹底鑽研外觀、味道、香氣、口感、聲音等五感表現是最重要的關鍵。請鍛鍊這5種感官，掌握卓越的美感意識。

切雕的基本刀法

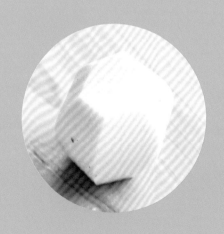

圓形

這是蘿蔔等根菜類和薯類等多數蔬菜的基本形狀。一邊削皮，一邊將蔬菜天然的形狀修整成圓形。

1 盡可能挑選筆直的蘿蔔，切成圓片（照片中的厚度約1.5cm）。要確認切面是否是水平的。

2 一邊削皮，一邊將邊緣修整成漂亮的圓形。

半月形

將削除周邊、變成圓形再切成一半的形狀，比擬為月亮的一半在發光的狀態，稱之為半月形。

1 與「圓形」一樣削圓（參照左記）之後，以菜刀垂直地切入，切成對半。

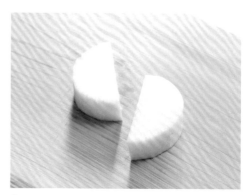

2 確認一下角度是否呈直角。

銀杏形

從圓形切成半月形、再切成一半的形狀，很像銀杏葉。

1 從「圓形」對切成「半月形」之後，再以菜刀垂直地切入，切成對半。

2 確認一下角度是否呈直角。

邊角修圓

將食材的稜角修圓，以避免碰撞造成形狀崩壞的作業。

1 將削切成形的素材薄薄地削除邊角，讓稜角不會太尖銳。

2 如果有多個切面，全部的邊角都要薄薄地削圓。

四角形

將削切成圓形後的弧度切除，把一個角切成90°，然後切齊4個邊的長度，做成正四方形。這是學切六角形、五角形前的基本功。

1 將素材切出所需的長度，削皮後削切成圓形。

2 讓①橫躺在砧板上，以菜刀垂直切入，切除弧形。

3 把在②中切除弧形的那邊朝下，以菜刀垂直切入，切出第2個邊。

4 將已經切除弧形的面朝下，再切出第3個邊。這時，要與第1個邊保持平行。

5 與④一樣，切出第4個邊。

6 將4個邊的長度漂亮地切齊，確認一下是否為角度呈90°的正四方形。

六角形  # 五角形

六角形是以菜刀切除弧形，使一個角呈120°。五角形則是使一個角呈108°。不過要削切成正五角形是相當困難的事。請多練習幾次，掌握住訣竅。

1 將素材切出所需的長度，再將削皮後變成圓形的素材削出六角形的1個邊。

2 調整菜刀的刀刃使角度呈120°，一口氣往下拉，削出第2個邊。

3 依照與②相同的方式，削出6個邊。這時為了讓相對的邊保持平行，而且每個角呈120°，要削除多餘的部分。

1 將素材切出所需的長度，再將削皮後變成圓形的素材切出五角形的1個邊。這時，將菜刀與砧板呈72°切入。

2 將在①中切除弧形的那面朝下放在砧板上，用菜刀以相同的角度切入，切出第2個邊，重複進行①、②切除周邊成五角形。

3 每個角都是108°，每一邊以相同的長度讓每個角都位於相對邊的中心，形成美麗的五角形。

六方體

利用里芋和蕪菁等球形蔬菜的弧度來削皮的方法。

1 將素材的上下部分切除，切面要保持平行。

2 依照與六角形（P155）相同的方式，以菜刀的刀刃切入，使角度呈120°。

3 配合素材的弧度，將菜刀保持固定的角度削下來。

4 配合素材的弧度削出6個邊，使切面的角度呈120°。

5 一邊以右手拇指感覺厚度一邊削切，就可以削出相同的厚度，同時菜刀的角度要保持一致。

桂剝法

作為削切成薄片的基礎而成為基本刀法的桂剝法，是非常重要的一種技法。請多練習幾次，讓身體記住「切成均等厚度」的感覺吧！

1 選用又粗又直的蘿蔔，切除葉子。

2 切出適當的長度（照片中約為20cm）。長度越長，難度越高。

3 將蘿蔔削出2圈薄片，修整成圓形。

4 從上到下修整成均一的粗細。

5 右手拇指放在刀刃上，左手拇指放在比右手拇指略高一點的位置，開始以桂剝法削出薄片。

6 薄薄地削出均一的厚度。剛開始，正確度比速度重要。厚度可隨用途不同改變。

7 以左、右手的拇指感覺厚度，不是按住菜刀來切，而是一邊前後移動菜刀一邊用左手轉動蘿蔔一直削切下去。

8 以桂剝法使薄片連綿不斷地延續下去，直到蘿蔔變細成無法削切的程度。

兼具實用性與美感的切雕技法

運用各式各樣的切雕技法，帶出更豐富的素材風味，
不僅發揮了防止煮到潰散等效果，
還可以為料理的外觀增添美感和色彩。

日本鬼鮋薄切生魚片
將日本鬼鮋的魚肉以薄切法切成薄片，
享受其獨特的彈性。

青芋莖小番茄沙拉
青芋莖和小番茄切成相同的厚度，
利用顏色的對比擺盤。

沙鮻握壽司
在魚皮上切入切痕，做成容易入口、
外觀也漂亮的握壽司。

青芋莖鮮蝦卷
用桂剝法削成的青芋莖薄片捲住鮮蝦，
淺綠和粉紅的色彩呈現出清爽感。

乾炸星鰻
以骨切法處理後炸得酥脆，
享受裡層鬆軟、外層香酥的口感。

鰻魚涮涮鍋
鰻魚以骨切法處理後，就能品嘗到鬆軟有嚼勁
的口感。請與秋季蔬菜一起享用。

紫蘇拌白帶魚
將白帶魚切成多層生魚片，
讓纖細的美味更加突顯出來。

蓑衣炸甘薯
將甘薯切成細長條沾裹在白帶魚上
油炸，享受脆脆的口感。

小蕪菁寶樂
將當令食材豐富的鮮味滿滿地塞在
削切成寶樂鍋形狀的小蕪菁上面。

金平蓮藕
將蓮藕切成細長條製作而成，
突顯其清脆的口感。

芋頭烏龍麵
將大顆的里芋以桂剝法削切成烏龍麵，
表現出滑溜的口感。

鮭魚蕪菁絹田卷
用桂剝法削成的蕪菁薄片捲住鮭魚方塊，
紅白的對比很漂亮。

蘿蔔泥拌海參
將切成小碎塊的海參、嫩莖萵苣，
與蘿蔔泥一起調拌而成。

鰭魚昆布漬奈良漬卷
以片切生鰭魚片和切成長方形的奈良漬
組合成絕妙的味道和口感。

魚的前置作業〈清洗的基本方法〉

所謂〈清洗〉，是從刮除魚鱗開始，一直做到取出魚鰓、拉出內臟後用水清洗的準備工作。視魚種的不同，有時候也會未經清洗就直接剖開。此外，還有從魚鰓的部位取出內臟的〈壺拔法〉這種技法。

清洗鯛魚

1
刮除魚鱗。

4
切開腹部的硬皮。

2
切除魚鰓。

5
使用竹刷，一邊沖水一邊刮除內側的血合肉等。

3
以菜刀切入腹部，取出魚鰓和內臟。

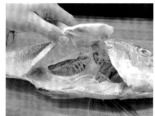

6
將整體清洗乾淨。

壺拔法

切除魚鰓之後，放入免洗筷，將內臟纏繞在筷子上取出，然後用水清洗。

肉・加工食品・珍味切雕技法和
湯的芳香佐料・配菜・襯底材料

牛

將牛肉切成細絲、切開硬筋，調理得較容易入口。由於切成了素麵狀，表面的油脂會增添滑溜的口感。

牛肉素麵

薄薄地切成5mm厚的肉片，再切成5mm寬的細絲。為了讓口感變好，要刻意切出呈直角的切面。

豬

具有厚度的肉是味道豐富又美味的食物，以隱刀法切成蛇腹，比較容易炸熟，同時也可以做出柔嫩又容易入口的口感。

炸豬排

1 將里肌肉切成厚2cm的肉片。斜斜地切入切痕直到厚度的一半，也就是1cm為止。

2 翻面之後，與①一樣斜斜地切入切痕，變成蛇腹。

鴨

因為鴨皮和鴨肉都非常緊實，所以最好切成帶狀比較便於使用，可以把對味的素材捲起來然後再進行烹調，這麼一來會更容易煮熟。此外，因為富有彈性，冰成半冷凍狀態比較容易切開。

蔥燒鴨肉

1
切除鴨胸肉的脂肪和硬筋，周圍保留少許鴨皮，其餘的切除。

2
將①的鴨胸肉半冷凍之後，前後交互切入切痕。

3
拉直成帶狀，將九條蔥捲起來，再切小段。可以將蔥換成牛蒡或蘆筍等，也很對味。

雞

雞肉的皮比鴨肉的皮來得柔軟，可以用觀音開法切成均等的厚度。把牛蒡或四季豆等對味的素材捲起來，烹調時就很方便。雞肉也是冰成半冷凍狀態會比較容易切開。

雞肉牛蒡卷

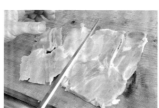

1
將半冷凍的雞肉直接以觀音開法切成均等的厚度。

2
捲起牛蒡。

3
將②以棉線纏繞之後蒸煮。

生麩

仿鰻魚蓋飯

用菜刀在生麩上細細地切入切痕，仿造成鰻魚肉，表現出鰻魚的柔軟口感。

1 將生麩縱切成一半，不要切斷。

2 細細地切入切痕，使之容易入味，然後刷上醬汁烘烤。

魚板

握壽司和迷你漢堡

將有厚度的魚板細細地切入紋路、增加它的口感，接著做成握壽司。迷你漢堡則是把魚板用壓模壓切成筒狀，當做漢堡麵包。製作出2種有趣的切雕作品一起盛盤。

不要切斷，細細地在表面切入紋路。

蒟蒻

蒟蒻鹿之子格紋煎煮料理

切入鹿之子格紋可使蒟蒻容易入味。其他像是麻花卷或生魚片蒟蒻,則是以薄切法切成薄片之後使用。

高野豆腐

將高野豆腐解凍之後加以切雕,作為拼盤料理的點綴。

各式切雕技法
(上排起) 反向切法、高野花菱紋、麻花卷

海鼠子
(上排起) 掃帚、細長條、摺扇、小碎塊

鯽魚壽司 薄切法
將魚身切成薄片,魚頭和其他部分剁碎之後做成球狀添加上去。

珍味

烏魚子
(上排起) 細長條、長方形、小碎塊

乾海參
(上排起) 八橋、小碎塊、細長條

劍山1組

切成極細的細絲「劍」，賦予生魚片等料理華麗的色彩，而且能使口感變得清爽。

（後方起順時針）
蘿蔔、南瓜、西洋胡蘿蔔、小黃瓜、金時胡蘿蔔

湯的芳香佐料1組

打開椀蓋時，立刻聞到飄上來的香氣。椀物不可欠缺的芳香佐料有很多不同的種類。

（上排左起）
青柚子皮、酢橘、芽蔥
（第2排左起）
辣椒、山椒、胡椒
（第3排左起）
針山葵、針生薑、山葵・生薑・芥末
（下排左起）
岩海苔、梅肉、山椒芽

柚子的各種切法

以鮮豔的顏色和香氣點綴料理的柚子，切雕技法的變化也很豐富。

（上排左起）
松針柚子、摺扇
（中排左起）
圓形、針形、
一直線
（下排左起）
摺疊的松針、小型
小碎塊、編結、大
型小碎塊

配菜1組

配菜是為料理增添季節感和色彩、使味道調和的重要配角，對日本料理來說是不可缺少的存在。

（上排左起）
防風、貝爾玫瑰
（Bell Rose）、芽甘
草
（中排左起）
菊花、鶯菜、紅紫
蘇芽、青紫蘇芽
（下排左起）
陸羊栖菜、紫蘇花
穗、番杏

襯底材料

以天然花草的枝葉等作為陪襯、突顯出季節感的襯底材料，請選用新鮮水嫩的素材。

（左上起依序）大王松、松針、山茶花、交讓木、菊花、菖蒲、梅花、冬青葉、桃花、檜葉、麥穗、油菜花、櫻花、石松、牡丹、麻葉繡球、竹葉

四季水果 · 甜點切雕技法

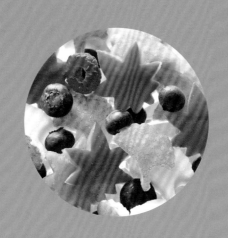

水果是以新鮮的狀態直接生食，
所以要考慮入口的難易度，看起來還要美觀又討喜。

春 之水果

花形草莓．花形奇異果．波浪
柳橙

以3種水果表現出清新的春日風
情。善用果皮製造效果，華麗
地呈現出來。

夏 之水果

哈密瓜船．削圓的芒果球．鳳
梨塔

大型的水果，就利用果皮製作
出船和高塔之類生動有趣的造
型吧！分別切成容易入口的大
小，有籽而不易食用的水果需
去籽之後再仔細雕琢。

秋之水果

紅葉柿子、銀杏梨子、覆盆子、
藍莓

使用壓模，將秋季水果壓切出
形狀，匯集成水果拼盤，製作
成外形漂亮又容易入口的大
小。莓果類不論味道或外形都
是點綴的焦點，請在各種不同
的場合善加利用。

冬之水果

千枚蘋果、蘋果皮緞帶

蘋果因為容易變色，以千枚切
法切成薄片後要立刻泡在鹽水
中。果皮也不要浪費，切成細
長的條狀，像緞帶一樣點綴在
上面。把它當成新鮮的蘋果塔
享用吧！

使用當季蔬菜製作出名店「水簾」的創意甜點。
以切雕技法為健康的美味增添華麗感。

春之甜點

用攪拌蕨粉製作成的蕨餅，搭配濃厚的卡士達醬，是日式和西式甜點的結合。將蕨菜莖切成小圓片附在上面，增添風味。蕨餅的軟Q感裹滿濃稠的卡士達醬，可以享受到入口即化的美味。

夏之甜點

將蜂斗菜切雕成素麵狀煮成甜食，搭配葛粉條非常對味。蜂斗菜的清脆口感和葛粉條的滑溜嚼勁能帶來清爽感，切成小碎塊的新生薑則喚起了更加清涼的夏季印象。

Desserts

秋之甜點

將鬆軟黏稠的海老芋切成邊長2cm的方塊，油炸得酥酥脆脆的，再以麥芽糖煮成甜食，做成拔絲蜜薯。利用方塊的形狀，欣賞立體的擺盤。最後潤飾時，可稍微撒點黑芝麻增添香氣。

冬之甜點

將百合根以細孔濾篩過濾之後，製作成能發揮自然甜味的濃湯，裡面添加了滿滿的草莓和蘋果塊、黑豆，以及白玉湯圓。請搭配最中外皮脆脆的口感，享用這道香濃的濃湯。

島谷宗宏（しまたに　むねひろ）

1972年生於日本奈良縣。高中畢業之後在「京都新都飯店松濱」任職，師事黑崎嘉雄先生。之後在「嵐山辨慶」、「貴船Hiroya」等處修業、累積經驗，2003年就任「都旬膳 月之舟」的料理長。2009年在日本料理Academy「第2屆日本料理競賽」的近畿‧中國‧四國地區預賽中獲得優勝。2010年在東京電視台的「電視冠軍R」節目中取得「世界料理雕花刀工王決賽」的冠軍。2012年就任「宮川町 水簾」的首任料理長。以純熟的刀工和細膩的感性所創造出來的料理，一直令以京都為首的國內外美食家著迷不已。

（後排左起）駒原猛思、河島 亮、島谷宗宏、榎並將史、金本大史
（前排左起）日岡良輔、田中大聖

宮川町　水簾

以合理的價格，提供重視時鮮旬味的正宗日本料理。備有吧台座位和榻榻米房間，可以在洋溢著季節感的擺設和溫馨的氣氛之中，盡情享受反映四季更迭、貼近時代和世人的料理。這是在花街‧宮川町可以體驗到最佳款待的京都新名店。

京都市東山区宮川筋 2-253

TEL. 075-748-1988

FAX. 075-748-1998

http://www.kyoto-suiren.com

製作人員 ————

調理製作助理　河島 亮、日岡良輔、榎並將史、金本大史、
　　　　　　　駒原猛思、田中大聖、寺原未央

攝影　岩崎奈奈子

編輯‧撰文　郡 麻江

設計　菊池加奈

企畫製作　水谷和生

NIHONRYORI KAZARIKIRI KYOHON
©Munehiro Shimatani/Kazuo Mizutani　2016
Originally published in Japan in 2016 by Seibundo Shinkosha Publishing Co., Ltd., TOKYO.
Chinese translation rights arranged through TOHAN CORPORATION, TOKYO.

日本料理切雕技法
海鮮、肉類、蔬菜的100種切法
2019年4月1日初版第一刷發行

作　　　者　島谷宗宏
譯　　　者　安珀
編　　　輯　陳映潔
美術編輯　寶元玉
發 行 人　南部裕
發 行 所　台灣東販股份有限公司
　　　　　〈地址〉台北市南京東路4段130號2F-1
　　　　　〈電話〉(02) 2577-8878
　　　　　〈傳真〉(02) 2577-8896
　　　　　〈網址〉http://www.tohan.com.tw
郵撥帳號　1405049-4
法律顧問　蕭雄淋律師
總 經 銷　聯合發行股份有限公司
　　　　　〈電話〉(02)2917-8022

禁止翻印轉載。本書刊載之內容（內文、照片、設計、圖表等）
僅限個人使用，未經作者許可，不得擅自轉作他用或用於商業用途。

購買本書者，如遇缺頁或裝訂錯誤，
請寄回更換（海外地區除外）。
Printed in Taiwan.

國家圖書館出版品預行編目資料

日本料理切雕技法：海鮮、肉類、蔬菜的
100種切法 / 島谷宗宏著；安珀譯. -- 初
版. -- 臺北市：臺灣東販, 2019.04
176面；18.2×25.7公分
譯自：日本料理飾り切り教本
ISBN 978-986-475-970-5(平裝)

1.烹飪 2.食譜 3.日本

427.131　　　　　　　　　　108002962